刚刚好的妈妈

[英]**唐纳德·温尼科特** 著

朱恩伶 译

D.W.WINNICOTT

The Child,
the Family
and
the Outside World

北方联合出版传媒(集团)股份有限公司

万卷出版有限责任公司

果麦文化 出品

目录

本书的内容主要是根据我在英国国家广播公司的系列演讲结集而成的。我要向制作人爱沙·班奇小姐表达谢意，并向帮我为读者（相对于听众）准备出版文稿的珍妮特·哈登柏格医生致谢。

——唐纳德·温尼科特

第一部分

母亲与孩子

一步一步地向小宝宝介绍这个世界，是一项惊人的任务，平凡的妈妈可以开始并且完成它，不是因为她像哲学家一样聪明，而是因为她深爱宝宝，愿意为宝宝付出一切。

第一章

一个男人看母爱

我得先声明，这本书不是要告诉你该怎么做，所以请放心，你大可以松一口气。小婴儿裹在襁褓中，这里头裹着自我，独立生活的自我，同时又是依赖的、逐渐成为一个人的自我。看着这样的婴儿躺在床上，身为男人，我永远无法真的知道，望着这情景的母亲们究竟是怎样的心情。我想，只有女人才有缘品尝那种滋味；就算她运气不好，缺乏真正的经验也无妨，她依然比我更能够想象这样的经验。

那么，既然我不打算给你任何指示，我又能做些什么呢？通常，妈妈们会把小孩带来见我，这时我们想讨论的对象就在眼前。这些小宝宝可能在母亲的膝上晃来晃去，伸手抓我桌上的东西，或是在地上爬来爬去。他可能爬上椅子，或是把书架上的书抽出来；他也可能牢牢抱住妈妈，担心穿白袍的医生是爱吃乖小孩的怪兽，甚至会对搞怪难缠的小孩做出更可怕的举动。这个谈论的对象也有可能是年纪大一点的小孩，乖乖坐在另一张桌子旁画图，我和他的母亲则努力拼凑他的发展史，寻找究竟是哪里出了差错。这时小孩会竖起耳朵听，想确认我们没有恶意，同时又会在默不作声的情况下，趁我过去查看他的图画时，通过图画来跟我沟通。

这一切说起来多容易啊，可是当我只能通过想象和经验来形容宝宝和小孩，这样的任务却又迥然不同！

你也体验过同样的困难。假如你有一个几周大的小宝宝，却不知道如何跟他交流，而我又不能就此与你沟通，你会有怎样的感受？如果你想要搞清楚这件事，就请你回想一下，你的小宝宝究竟是在多大年纪，才注意到你原来是另外一个人；或是回想那兴奋的一刻，是什么让你感觉到，你们是心意相通的两个人？以前，凡事你只要开口就能沟通，不必在屋子里跑来跑去，亲自动手。现在，碰到小婴儿，哪有什么语言可用？没有啊，所以你只能靠母子连心，不必言语就能心意相通。你在意的是照顾好宝宝的身体，而且也喜欢这么做。你知道该如何把宝宝抱起来，该怎么把他放下来，如何离开他，让婴儿床代替你陪他；你也晓得怎样帮他穿衣服最舒服，最能保持宝宝的体温。的确，打从小时候玩洋娃娃起，你就懂得这些事情了。还有，在特殊时刻，你会做某些特定的事情，比如喂奶、洗澡、换尿布，慈爱地抱着小宝宝。有时，小宝宝会在你的围裙上撒尿，浸湿了衣服，仿佛这是你允许的，你不介意的。事实上，正是这些事情让你知道，你是个女人，而且是个平凡而慈爱的母亲。

我说这些，是要你明白，作为男人，虽然我跟真实的养育生活脱了节，不必承受育儿工作的吵闹、臭味与责任，但我绝对清楚，作为孩子的母亲，你正在亲历真实的育儿经验，就算拿全世界来跟你交换这个经验，你也绝对不会愿意的。到目前为止，如果我们还算互相理解，或许你会让我跟你谈一谈，如何做个平凡的慈母，如何打理小宝宝的人生最初阶段。我无法一步一步告诉你该怎么做，可是我可以谈一谈，这一切究竟有什么意义。

照顾宝宝是母亲天生就会的事

照顾小宝宝其实是你天生就会做的事，这件事虽然平凡，却非常重要，其绝妙之处在于，你不必很聪明就做得来。假如你不愿意的话，甚至可以不去想太多。在学校念书时，你也许对数学感到绝望；也许朋友都拿了奖学金，你却一看到历史课本就头痛，所以成绩不甚理想，早早就辍学；也许你恰好在考前出了麻疹，结果考砸了；或者你其实很聪明——可是这些事都无关紧要。你是不是好妈妈，跟这些事一点关系都没有。就像小孩子都会玩洋娃娃，你天生就可以做个平凡的慈母，我相信大部分时间你都是个好妈妈。这么重要的事，只需要这么少的聪明才智，不是很奇怪吗？！

假如小婴儿最后要发育成健康、独立又合群的成人，他们一定要有好的开始。然而，怎样才能有好的开始？这就要靠母亲与宝宝之间天生的亲情，也就是所谓的"爱"。所以，只要你爱你的小宝宝，他就已经有一个好的开始了。

我要澄清一下，我谈的爱可不是感情用事。你们都知道，有一种人喜欢到处嚷嚷："我就是好爱小宝宝。"你不禁纳闷，她们爱小孩吗？母爱是浑然天成的，其中含有占有欲，还有其他欲望，甚至有一种"讨厌这小鬼"的成分，也有慷慨、权力和谦逊的成分；可是绝对不包括多愁善感，因为那对母亲来说是不愉快的。

好啦，你可能是个平凡而慈爱的母亲，你不假思索就是喜欢当妈妈。艺术家不也讨厌思考艺术与它的目的吗？做妈妈的人可能也宁愿不要把事情想得太透彻，所以我得先提醒你，在本书中我们要谈的正是慈爱的母亲顺其自然所做的事情。不过，有些人可能愿意思索一下自己正在做的事。你们之中有些人可能已经完成育儿的任务，小孩已经长大上学了，那么，你们可能想要回顾一下，你们所经历的美好事物，想想你们如何为孩子的发育打下基础，假如你们全凭直觉去做，那大概就是最好的方法了。

照顾小婴儿的人究竟应该扮演什么样的角色？了解这一点是十分重要的，这样我们才能够保护年轻的母亲，让她远离所有企图介入她和孩子之间的外来干扰。假如她不知道自己做得很好，就无法为自己的立场辩护，就容易听从别人的意见，或她母亲的做法，或书上的说法，一下子就把母亲的角色搞砸了。

父亲也很重要，在有限的时段里，他们也可以是好妈妈，而且可以保护母亲和宝宝远离外界的一切干扰，因为母子之间天生的亲情，才是育儿的要素与本质。

接下来，我会尝试把平凡的母亲关爱孩子时会做哪些事讲给你听。

关于新生婴儿，我们要学的还有很多，或许只有母亲们才能告诉我们那些我们在学习过程中想知道的事。

· 第二章 ·

认识你的小宝宝

女人怀孕时，生活会起许多变化。在怀孕以前，她可能兴趣广泛，也许从商，也许从政，甚至是网球好手，或是常常参加舞会或大型聚会的社交名媛。她可能瞧不起在家带小孩的朋友，认为她们的生活绑手绑脚的，甚至会说些难听的话，比如批评她们看起来好像植物似的。她也可能受不了洗晒尿布这类妈妈经。假如她对小孩感兴趣的话，多半也是多愁善感而不切实际的。不过，她早晚都可能怀孕的。

一开始，她可能会厌恶这个事实，因为她很清楚，这对她"自己的"人生是多么可怕的干扰。没错，否认这感觉的人才是傻瓜。小婴儿本来就是一大堆麻烦，除非这个小婴儿是你衷心期待的，否则铁定惹人厌。假如一个女人还不打算生小孩就怀孕，一定会觉得自己运气太背。

不过，经验也显示，孕妇的身体和感觉都会逐渐起变化。或许可以说，她的兴趣正逐渐缩减，但我想，这样说可能更加恰当，即她的兴趣正逐渐从外界转向内在。她肯定会慢慢相信，自己的身体才是世界的中心。

你们之中有些人或许刚刚到达这个阶段，开始以自己为傲，觉得自己是值得尊重的，人行道上的行人理当礼让你。

当你越来越肯定自己就快要当妈妈了，你就会像俗话说的，开始放手一搏了。你开始冒险，允许自己只关心一个对象，那就是即将出生的小宝宝。这个小宝宝将会成为你的心肝宝贝，你也会变成他的天与地。

要当母亲，你得先吃许多苦头。我想，正是因为吃了这么多苦头，你才能够把育儿的诀窍看得特别透彻。你在平凡的育儿经验里得来的心得，是我们这些无法做妈妈的人，要学好多年才能够了解的。不过，你大概也需要我们这些研究你的专家来支持你，因为迷信和古老的（有些也可能是现代的）妈妈经会随之而来，让你对自己真正的感觉产生怀疑。

让我们来思考一下，在心理健康的平凡母亲的育儿心得中，有哪些是极为重要，却又容易被旁观者忽视的。我想最重要的一点是，你觉得宝宝是值得当作一个人来认识的，而且越早认识越好。任何人都没有你这么清楚这一点。

早在你的子宫里，宝宝就是个小人儿了，而且是与众不同的小家伙。等到出生时，他早已有了丰富的经验，其中有愉快的，也有不愉快的。新生儿的脸庞少了什么是一目了然的；不过，有时新生儿看起来一脸聪明样，甚至还带点哲学家的味道。我若是你，绝对不会让心理学家来决定宝宝出生时有几分像人。我会直接先认识腹中的小人儿，也让他好好认识我。

通过判断胎儿在子宫的动静，你对他的个性早就了然于胸。如果他很好动，你就会猜想，"男孩踢得比女孩多"这句俗语究竟是否属实；但不管怎样，你都很开心，因为胎动象征了生命与活力。我想，怀孕期间宝宝对你也有不少认识。他分享了你的三餐，你早上若是喝了一杯好茶，或是一路跑去赶公交车，他的血液就会加速流动。从某种程度来说，他想必也知道你何时感到焦虑，或兴奋，或愤怒。如果你焦虑不安，他就会习惯好动，以后他可能会期待你把他抱在膝上或放在摇篮里轻晃。相反，假如你是沉着的人，他就认识了宁静，将来他会期待在你的膝上安稳地睡一觉，或是待在婴儿车里一动也不动。从某个角度来看，可以这么说，在他出生以前，在你听见他的哭声，看见他并将他揽入怀中之前，他认识你比你认识他稍微多一些。

经过生产过程的折腾，宝宝和母亲的处境大不相同。你可能需要休息两三天，才能享受宝宝的陪伴。不过，假如你的体力恢复得不错，你们也可以立刻开始认识彼此。我知道有年轻的母亲，很早就跟她的第一个小孩接触。从他出生那天起，每次喂奶后，聪明体贴的护理长都会把他放进摇篮，推到母亲的床边。他在安静的房间里清醒地躺着，母亲把手伸向还不到一周大的他，他会抓住她的手指头，并朝她的方向望过来。如果这种亲密关系不受打扰，持续发展，我相信这样的关系会为这个小孩的性格与我们所说的情感发展，以及他早晚会遇到的挫折与惊吓的承受能力，打下稳固的基础。

喂奶：母子间最初的亲密接触

你跟宝宝最初的接触，最有影响力的时段就是喂奶时间，那也是他感到兴奋的时候。你可能也很兴奋，乳房可能也有感觉，这显示你已经准备哺乳了。如果宝宝一开始就能够将你跟你的兴奋视为理所当然，他就可以专注于满足自己体内突然产生的冲动与强烈的欲望，并好好处理这件事，如此一来他就算是幸运的宝宝。在我看来，当小婴儿发现兴奋来临时，他体内所掀起的感觉，可是一件拉警报的大事。你是否曾经从这个角度来看待这件事呢？

从这一点来看，你会懂得自己必须从两种状态来认识你的小宝宝：一种是当他感到满足又平静的时候，这时他通常不会太兴奋；另一种则是他兴奋的时候。首先，当他感到满足又平静时，他会花很多时间睡觉，但不是全部的时间，清醒又安详的时刻非常珍贵。我知道，有些宝宝即使在喝奶后，也无法满足，总是哭到疲惫不堪，十分苦恼，但又不容易入睡。在这种情况下，母亲很难跟他发生令人满意的接触。不过，随着时间的推移，情况会渐渐好转，他也会有满足的时候。洗澡时，也许是亲子关系开始的好机会。

你必须认识小宝宝的满足和兴奋的状态，主要是因为他需要你的帮忙。如果你不了解他究竟处在哪种状态，你就帮不了他。宝宝会从睡眠或清醒时的满足，过渡到吃奶时全力以赴的贪婪攻击。这段可怕的过渡阶段，你得帮点忙。除了日常的照顾之外，这可说是你升格为人母的第一项任务。这项任务需要许多本领，而这些本领只有孩子的妈妈才拥有，或是某个在小孩出生不久后就领养他的好女人。

打个比方，小孩并不是一生下来，脖子上就挂着闹钟，指示我们每隔三小时喂一次奶。定时喂奶只是为了母亲或奶妈的方便设想。对宝宝来说，定时喂奶只是次好的，最好的是想吃奶时，张嘴就能吃得到。小宝宝未必一开始就想要规律地吃奶。事实上，我认为小婴儿要求的是，想要时乳房就出现，不要时乳房就消失，这才是他理应得到的宠爱。有时，母亲必须随性地供应母乳，宝宝才能配合她的方便，养成规律的习惯。至少，你刚开始认识宝宝时，总该了解他最初的期待是什么；或者，就算你决定不顺他的意，也得知道他的要求是什么。而且，你如果了解小婴儿，就会明白他只有在兴奋激动时，性情才会那么急切。其他时候，他会很高兴能够发现，乳房或奶瓶后面还有母亲，母亲后面还有房间，房间外面还有世界。虽然喂奶时你可以好好认识小宝宝，但是你慢慢就会了解，我为什么会说，在他洗澡时，或躺在婴儿床里时，或换尿布时，你对他会有更多更深的了解。

如果你还需要护士的照料，我希望护士能了解这件事，即你只有在喂奶时才抱得到小宝宝对你其实是不利的。我希望护士不会认为我多管闲事了。你需要护士帮忙，是因为你的体力还没有完全恢复，无法亲自照料宝宝的大小事宜。可是，如果你不认识沉睡中的小宝宝，或是他清醒躺着的模样，当他被送到你的怀中来吃奶时，你一定会对他留下奇怪的印象。毕竟，小宝宝想吃奶时，只是一个不满足的小婴儿；他当然是个人，但内心却宛如张牙舞爪的狮子和老虎，而他肯定也会被自己的感觉吓到。如果没人跟你解释这些，你可能会感到害怕。

相反，如果你已经通过他躺在你身旁、在你怀中玩耍或在你胸前依偎的模样而认识了他，你就明白他的兴奋只是一时的，你会把这兴奋看成是爱的一种形式。当他别过头去，就像牵到水边却不喝水的马一样拒绝吃奶，或者当他在你怀中睡着而无法继续哺乳，抑或他激动到无法尽本分吃奶时，你也才能够了解到底是怎么回事——宝宝只是被自己的感觉吓坏了。在这个关头，你可以用最大的耐心来帮助他，让他玩耍，让他含着乳头，甚至抓着它……只要能让小婴儿开心，怎样都行，最后他就会重拾信心，愿意再次冒险吸奶。这是别人做不到的，虽然，这对你来说并不容易，因为你也不是想哺乳就能随时供应奶水，你的乳房也可能涨奶或怎样，就得等宝宝开始吸吮以后才会再次充满。可是，你如果明白到底发生了什么事，就可以顺利渡过难关，让宝宝在吃奶时跟你建立良好的母子关系。

小宝宝并不笨，对他来说，那种兴奋的滋味，既可怕又难过，就好比大人被关进狮子笼的感受。难怪他得先确定，你会可靠地供应奶水，他才肯吃奶。如果你让他失望，他的感觉八成就像快要被野兽吃掉一样。给他一点时间，他就会发现你，最后你们都会珍惜他对你的乳房近乎贪婪的爱。

我想，让年轻的母亲跟她的小宝宝尽量提早接触，主要是为了让她放心，知道小婴儿是正常的（不管这到底是什么意思）。我说过，刚分娩后你可能精疲力竭，无法在第一天就跟小宝宝做朋友，但是你最好也知道，母亲在分娩后想立刻认识小宝宝的冲动，是再自然不过的反应。不仅是因为她渴望认识他，也因为她曾经胡思乱想，担心自己不够好，会生出可怕的东西。总之，她绝对没有想到小婴儿是如此美好。正因如此，认识小宝宝才会变成急迫的事。人类好像很难相信自己足够好，好到真的可以孕育出优秀的下一代。我怀疑有哪个母亲一开始就全心全意相信自己的小孩是美好的。父亲也是如此，他跟母亲一样，怀疑自己可能无法生出健康正常的小孩，内心因而十分煎熬。因此，第一时间就认识你的宝宝，是件急迫的事，因为好消息可以让双亲都松一口气。

在此之后，你想认识小宝宝，则是出于你的爱和骄傲。你还会仔细地研究他，以便给他提供他所需要的协助。这个协助只能来自最了解他的人，那就是你，他的母亲。

这一切都表示，照顾新生儿是全天候的工作，而做得好这件事的人只有宝宝的妈妈这一个人。

第三章

相信宝宝的发展本能

我写的是母亲和小宝宝的概况。母亲们如果需要细节上的建议，找相关的机构就可以了，在这方面我倒不是特别在行。事实上，细节方面的建议往往来得太容易，有时反而会造成困扰，所以，我宁可写给那些擅长照顾宝宝的妈妈们看。我想帮助她们了解宝宝，让她们明白这到底是怎么回事。我的用意是，她知道得越多，就越能信赖自己的判断。当母亲相信自己的判断时，她会做得最好。

让母亲做她喜欢做的事，一旦母亲们有了这样的经验，她就会发现自己的内心是可以充满着母爱的，这是关键所在。就像作家提笔疾书时，都会讶异地发现自己居然文思泉涌，而母亲则是会惊喜地发现，跟自己的宝贝接触时，分分秒秒都很丰富。

其实，我们大可以追问，妈妈如果不是担起整个责任，又如何学会做母亲呢？如果她只做别人告诉她的事，就必须按别人的话不断地去做、不断地改进，还要找更能干的人来告诉她该怎么改进。可是，她如果安心相信自己的判断，她就会越做越好。

这就是孩子父亲帮得上忙的地方。他可以提供一个空间，让母亲有充足的资源。在丈夫的适当保护下，母亲可以把关注焦点放在家里，专心照顾小宝宝，不必分心处理外面的事务。母亲把全副精神放在小婴儿身上的时间，并不会持续太久。但是一开始，母亲跟宝宝之间的亲情联结非常强烈，我们必须竭尽所能，让她在这段时间内，把所有的心思都放在宝宝身上。

这段时间的经验不只是母亲受益而已，宝宝也需要这样的全心照顾。近来，我们才渐渐开始明了，新生儿是何等需要母爱。成人的健康基础是在童年建立的，而这样的健康基础，则是由母亲在小生命的最初几周和几个月帮忙打好底的。初为人母的你暂时对外界失去兴趣，也许你会有点不习惯，那么以下这些想法或许可以帮点小忙：你是在为我们社会的未来成员打好健康底子，这绝对是值得做的一件事。说来也奇怪，一般人都认为，孩子越多越难照料。但我很确定，孩子越少，父母的心理压力其实越大。全心照顾一个小孩的压力最大，幸好这个重担只会持续一段日子。

在这段时间里，你也算是孤注一掷了，接下来你打算怎么办呢？嗯，好好享受吧！享受被人当宝，让别人去照料这个世界吧，你只要专心孕育下一代就好。享受回归自我，全身心爱自己和你的心肝宝贝。享受丈夫对你们母子的幸福责无旁贷的体认，享受发现自己身上经历的新变化，享受前所未有的特权，做你觉得舒服的事。当你大方供应的奶水遭到宝宝的哭闹拒绝时，享受生宝宝的气，享受各式各样你无法跟男人解释、只有女人才有的感觉；尤其是，宝宝会逐渐展露出人的模样，开始把你当成另外一个人看待，我知道，这时，你一定会特别享受这些迹象。

为了你自己，好好享受这一切吧。不过你从照顾小宝宝的这些肮脏苦差事当中所得到的乐趣，从宝宝的眼光看来，恰好是十分重要的。宝宝并不想按时接受合宜的哺乳，他宁可让喜爱哺乳的母亲依自己的方式喂他。小宝宝把柔软的衣服和温度刚好的洗澡水等视为理所当然，或许母亲也应理所当然地把为宝宝洗澡穿衣作为乐趣来享受，但有时并没有做到。可是如果你享受这一切，对小宝宝来说，就仿佛是和煦的阳光出来了。母亲必须能够自得其乐，否则整个育儿过程就是麻木的、没价值的、没有感情的。

你的忧虑当然会干扰这项自然而然的享受，而这些忧虑多半又出自无知。这跟生小孩时缓和紧张的方法很像，关于这一点你可能早就读过了。写这类书籍的作者通常会竭尽所能来清楚地解释怀孕和分娩的过程，好让准妈妈们放心，不必过度紧张，也就是不要担心未知的事，顺其自然就好。其实生产的痛苦并非全然来自分娩本身，有部分疼痛是出自恐惧所引起的紧张，主要是对未知的事感到害怕。现在这一切都跟你解释清楚了，如果你又有个好医生和好护士，就可以忍受不可避免的痛苦。

同样的，生产后，你能不能从照顾小孩当中得到乐趣，全看你是否可以避免无知和恐惧所引起的过度紧张而定。

接下来，我想给母亲们一些信息，好让她们对小婴儿的发育知道得更多。这样她们才知道，小婴儿需要的恰好是母亲放松自己、自然陶醉在育儿中就能做得好的事。

我会谈谈宝宝的身体，以及体内的运作，也会谈宝宝发展中的人格，还会谈你该如何一步步向小宝宝介绍这个世界，才不会令他感到困惑。

相信宝宝与生俱来的本能

现在，我只想跟你清楚说明一件事，那就是，小婴儿的成长和发育，并不需要完全依赖你。每个小宝宝都是蓬勃发展的小生命。在每个小婴儿体内，都有生命的火苗，那是生命的成长和发育生生不息的强烈欲望，也是小宝宝与生俱来的本能，我们并不需要知道其进展的方式。譬如，你如果想在窗口花坛种水仙花，并不需要拔苗助长。你只要把球茎放进去，覆盖肥沃的土壤，浇适量的水，其余的顺其自然就好，因为球茎中蕴含了生命力，自然会开花。好啦，照顾小婴儿当然比照顾球茎还要复杂，不过这个例子说明了我的用意，球茎跟小宝宝一样，都会不断生长苗壮，而生长的责任并不在你身上。小宝宝在你的体内受孕，从那一刻起，就成为你体内的房客。出生后，小宝宝又成为你怀中的房客，但这都只是暂时的，不会永远持续下去。事实上，甚至不会持续太久，因为小宝宝很快就会去上学。但是此刻，这个房客的身体既幼小又脆弱，十分需要你因为爱而付出的特别照顾。不过，这并不会改变宝宝与生俱来就会不停生长的倾向。

我不知道这种说法是否可以让你松一口气，但是，我知道有些母亲以为自己必须为宝宝的活力负责，结果为人母的乐趣反而荡然无存。小宝宝睡着时，她老守在婴儿床边，希望他会醒过来，或者至少显示出一点生命的迹象。如果宝宝闷闷不乐，她就会一直逗他，搔他的脸，想要他挤出一丝笑容。这对小婴儿来说，当然毫无意义，因为那只是一种生理反应。这种妈妈老是把宝宝抱在膝上，上下摇晃，想逗他呵呵发笑，或做点什么，反正只要能够显示小婴儿的活力还在，她们就放心了。

有些孩子即使在襁褓初期，父母都不许他们安安静静地躺着。这些孩子损失惨重，甚至可能会错失想活下去的感觉。我想，如果能够让你了解，宝宝体内真的有个奇妙的生命发展过程（而且很难停止），你可能就比较可以享受育儿的乐趣。说到底，生命对呼吸的依赖，远远超过生存的意志。

你们之中可能有人从事艺术创作，学过绘画，也可能捏过陶土，或是会打毛线、缝制衣服。做这些事情时，成品是你们制造出来的，但宝宝不同，他会自己长大，母亲只要提供适当的生长环境就好。

可是，有些母亲却把小孩看作手中的陶土，拼命捏塑，以为自己必须为结果负责，这其实是大错特错了。如果你也有这种感觉，就会被过重的负担压垮，因为那根本就不是你的责任。如果你可以接受"宝宝是个蓬勃发展的小生命"这个想法，你就可以一面回应他的需求，一面从容自在地站在一旁欣赏小宝宝的发育，并从中得到乐趣。

第四章

关于哺乳

　　二十世纪初以来，医生和生理学家针对哺乳做过大量的研究，写过许多书籍和不计其数的学术论文，这些文献一点一滴累积成现有的知识。这些努力的成果，使我们现在有办法区分两种事情：一种跟生理或生化或实质的事情有关，这是任何人都无法靠直觉或未经深入的科学研究而知道的；另一种则是跟心理有关，这是人们向来通过感觉和单纯的观察就能知道的事。

　　说穿了，哺乳其实是婴儿与母亲之间的一种关系，就是将母子间的爱付诸行动。不过，在生理研究扫除掉许多障碍以前，人们很难接受这个看法（即使母亲们早就了然于胸）。有史以来，在世界各地过着健康生活的母亲，必然认为哺乳只是她跟宝宝之间的私事；不过，有些宝宝死于腹泻或别的疾病，母亲们不知道害死孩子的是病菌，误以为是自己的奶水不好。婴儿的疾病和死亡，使母亲对自己失去信心，转而向权威人士寻求忠告。然而，处理生理疾病的各种方式，反倒使问题更复杂，令母亲们更加费解。幸好我们在健康和疾病的生理知识方面有了长足的进展，现在才能回到最重要的情感问题上来，也就是母亲与宝宝之间的亲情联结。总之，如果希望哺乳工作顺利，母子之间的亲情就必须有令人满意的发展才行。

如今，治疗身体的医生们对软骨病已有足够的认识，可以事先预防；他们也充分了解感染的危险，不再让新生儿在出生过程遭受淋病感染而失明；他们也了解遭受肺结核感染的乳牛的牛奶有危险，所以过去常见的致命结核性脑膜炎，已不再危害婴幼儿；他们对坏血病也有足够的了解，而能够彻底消灭它。拜医学科技所赐，身体方面的疾病和不适都被彻底消除了，所以我们这些关心情感的人，突然急着想要尽可能正确地说明，每个母亲都会面临的心理问题。

我们当然还无法正确说明，每个正在养育新生儿的母亲所面临的心理问题，至少可以努力尝试一下。如果我说错或遗漏了什么，母亲们可以纠正我，或者做点补充。

假设母亲健康，家庭和睦，宝宝又在适当的时机健康来到，我们可以简单地说，在这种情况下，母子之间的亲情关系更为重要，哺乳只是这种关系中的一件小事。母亲与新生儿已经准备用强烈的爱，将彼此紧密地联结在一起，但在接受这个重大的情感冒险之前，他们必须先认识彼此。他们可能一开始就达成共识，也可能要经过一番挣扎，一旦达成共识，他们就相互依赖，相互了解，哺乳工作自然不成问题。

换句话说，假如母亲跟婴儿之间的亲情已经展开，而且自然发展，就不需要哺乳技巧，也不必量体重和做各种检查，因为，他们俩比外人更明白什么才是对的。在这种情况下，小婴儿会用对的速度喝正确的量，也知道何时该停止。宝宝的消化和排泄也不必外人监控，因为情感关系自然发展，整个生理作用就奏效了。我甚至可以进一步说，在这种情况下，母亲从宝宝身上学到育儿心得，就像宝宝也从她身上了解了母亲。

母亲与宝宝之间因为身体与精神的亲密联结，产生了美妙的愉悦感觉，可是人们老是训诫母亲，千万不可沉迷在这种感觉之中，所以这种愉悦的感觉一下子就被人们的忠告所推翻。这才是真正的麻烦所在。在哺乳的领域里，居然还找得到现代清教徒的踪影！想想看，根据这种清教徒式的说法，宝宝出生以后就得把他跟母亲分开，让他丧失可以找到妈妈的感觉能力（这种感觉有可能是通过嗅觉来进行的）！再想想看，根据这种清教徒式的"天才"做法，在哺乳时把宝宝包裹得紧紧的，让他无法用手抓乳房或奶瓶，整个过程中，他只能表示"要"（吸奶）或"不要"（把头转开或睡着）！最后，试想一下，在小宝宝尚未开始感知到除了自己和自己的欲望，还有其他外物真实存在以前，竟然得在固定时间一到就立即被强制喂奶，他的心里会是什么滋味！

在正常的状态下（当母子都健康时），喂奶的技巧、数量和时间都可以顺其自然。就是说，喂奶时母亲可以给小婴儿一点自由做主的空间，让他顺其自然地吃奶。这并没有什么不好，对母亲而言，不论是育儿或哺乳，她都很容易就能尽到自己的职责。

我这个说法，有些人可能无法苟同，因为完全没有个人难处或完全不会担心也因此不需要他人协助的母亲寥寥无几；此外，有些母亲显然疏于照顾宝宝，甚至对宝宝太过狠心。然而我认为，即使凡事都需要忠告的母亲，在认清上述各种现实后也仍会获取益处。这样的母亲如果想在跟老二或老三的早期接触中做得更好，那么在养育老大时——虽然需要很多帮助——她也必须明白自己的目标是在育儿实务上，而他人的建议和劝告则要尽力予以摆脱。

刻意哺乳会干扰母子的美好关系

我认为，自然的哺乳就是在宝宝想吃奶的时候喂他，不想吃的时候就停止，这就是基础。只有在这个基础上，小婴儿才能开始跟母亲妥协。第一个妥协就是，接受规律而可靠的哺乳，比如三个小时好了，对母亲来说很方便，小婴儿的欲望也可以得到满足。假如他可以每隔三小时定时感到饥饿，你就可以这么做。假如这个间隔对小婴儿来说太长，他就会苦恼，恢复信心的最快方法就是，在需要时立刻喂奶，进行一段时间以后，等宝宝可以忍受时，再恢复适合的规律时间。

好了，我这个说法可能又太任性了。如果一个母亲学过如何训练小婴儿养成规律的习惯，一开始就每隔三小时喂一次奶，这时要她像个吉卜赛人似的随意哺乳，她可能无法接受。我在前面说过，她很容易就会对哺乳所产生的莫大快感感到害怕，也会觉得从那一天起，小婴儿如果出了任何差错，她可能会遭到公婆与邻居的责骂。其实，最大的麻烦在于，人一下子就被养育小孩的重责大任给压垮了，所以巴不得遵守法则、规定和戒律。这样虽然会有点无聊，却可以减少一些人生风险。这多少要怪医界和护理界，因此我们必须赶快消除我们对母亲与婴儿的一切干扰。假如只因为权威人士说自然哺乳是好的，就把它当成要刻意努力的目标，那么连自然哺乳这个观念也会变成有害的。

至于说到"训练宝宝必须尽早开始"这个理论，其实是不可行的，因为在小婴儿接受外面的世界，并跟这个世界妥协之前，训练是不可能达成的。而接受外界现实的基础是，在襁褓初期，母亲必须暂时遵从小婴儿的欲望。

你们应该明白，我并不是说，我们不必理会那些婴儿福利机构，让母亲和小宝宝自己去解决那些基本哺乳、维生素、疫苗接种，以及适当清洗尿布的方法等问题。我是说，医生和护士的目标应该是处理生理层面的事，不要让任何事情干扰了正在发展中的母子关系，那是一段很微妙的心理过程。

当然了，站在照顾别人宝宝的奶妈们的角度，我也可以道出她们的为难与失望之处。我的已故好友茱儿·密德摩尔医生在她的著作《育婴夫妇》（*The Nursing Couple*）里写道：

育婴时的粗心大意有时来自母亲的过度紧张，这一点都不足为奇。她一次又一次地看着育婴夫妇喂奶，目睹他们的幸运与失败，到了某种程度，他们的兴趣竟变成了她的。看着母亲笨手笨脚地喂奶，她可能会看不下去，最后甚至有股想插手的欲望，因为她觉得自己可以做得更好。其实那是她自己的母性使然——想跟母亲一较长短而不是去加强母亲的母性。

看到这里的母亲们，如果你跟孩子的第一次接触失败的话，千万不要太难过。失败的理由很多，以后还有机会弥补做错或错过的事。但是，如果一个人试图支持那些在哺乳这项任务（母亲所有任务中最重要的一项）上能够成功或正走在成功路上的母亲，就不得不冒让一些母亲不开心的风险。不管怎样，我还是要表达我的观点，就算必然会伤害部分仍然处在困境中的母亲，那就是一个母亲靠自己的力量处理她与宝宝的关系，就是在竭尽所能为孩子、为自己、为社会做着最好的事。

换句话说，小孩跟父母、跟其他孩子，以及最终跟这个社会建立人际关系的唯一真正的基础，就是最初这种成功的母婴关系。他们之间没有规律的哺乳要求，甚至也没有任何规定说，宝宝非得含住乳房吃母乳不可。万般迂回繁复的人间世事，皆始于简明单纯的开端。

第五章

食物都吃到哪儿了？

当小宝宝感到饥饿时，他的体内有个东西已经苏醒，跃跃欲试准备当家做主。你自己会发出点声响表示准备哺乳了，因此，宝宝知道时间到了，放心让食欲变成美妙的冲动。你可以看到口水从他的嘴巴流出来，因为他还不会吞口水，他们用流口水向这个世界表示，他们对于用嘴巴咬得到的东西有兴趣。这说明了宝宝正逐渐兴奋起来，尤其是他的嘴巴。这时，他的双手也会加入，一起来寻找满足。如果此刻你给宝宝吃奶，刚好是配合上他食欲大动的时刻，这时，他的嘴巴已经准备好了，嘴唇也非常敏感，可以产生绝佳的口腔快感——这是宝宝在后来的生命中永远无法再次获得的。

母亲会无微不至地配合小婴儿的需求。她喜欢这么做，是因为有爱，她会小心调整喂奶的细节，这是别人认为不值得做也不会懂的事。不论你是亲自哺乳，还是用奶瓶喂奶，当奶水从你的乳房或奶瓶进入宝宝的口中时，他的嘴巴都会变得非常活跃主动。

一般认为，吃母奶的宝宝和用奶瓶喂食的宝宝是有差别的。吃母奶的宝宝含着乳头的根部，用牙龈咀嚼。对母亲来说，虽然很痛，可是这个压力可以将奶水从乳头挤进口中，宝宝就能吞下去。至于用奶瓶喝奶的宝宝，则必须运用不同的技巧，也就是他得会吸吮。但就乳房哺乳经验而言，吸吮只是小事。

吸奶瓶的宝宝，有的需要洞口比较大的奶嘴，因为在他们学会吸奶以前，需要不用吸就喝得到奶水。有的宝宝则一开始就立刻吸吮，这时奶嘴的洞口如果太大，奶水反而会溢出来。

假如你用的是奶瓶，得有心理准备，要随时提高警觉，做适当的调整。哺乳则不必。哺乳的母亲可以放轻松，她感觉血液涌向乳房，奶水自然就来了。用奶瓶喂奶时，她必须随时保持警觉，不断把奶瓶从宝宝口中抽出来，放一些空气进去，否则奶瓶会变成中空，宝宝就吸不到奶了。她还会先让奶水降到适当的温度，把奶瓶贴在手臂上测试一下，手边准备好一罐热水，以便随时把奶瓶泡在里面保温，免得宝宝喝得太慢，奶水变冷了。

好啦，现在我们关心的是奶水的去向。我们可以说，宝宝对奶水知道得不少，但也只是到他吞下去的那一刻为止。奶水就这样吞进嘴里，给嘴巴一种实在的感觉、笃定的滋味。这一点无疑非常令人满意。但是，奶水就这样吞下去了，这表示，在宝宝的眼中，它几乎就消失了。就这一点来说，手掌和手指还比较好，因为它们不会不见，而且随时可用。不过，吞下去的食物并不是完全失去，至少还在胃里的时候不是，食物还有可能从胃里返回到嘴里。小婴儿似乎很清楚自己的胃的状态。

胃是宝宝体内的迷你好妈妈

你大概知道，胃是个小器官，位于肋骨下方，形状就像小宝宝的奶瓶，从左甩到右，它是一团肌肉，构造相当复杂，因此有绝佳的能力做妈妈们为小宝宝做的事，那就是，胃会随着情况自行调整，除非受到兴奋、恐惧或焦虑情绪的骚动影响；就像妈妈们天生就是好妈妈，除非她们受到紧张或焦虑的影响。总之，胃就像个体内的迷你好妈妈。当宝宝感到自在（也就是成人的放松状态）时，这个肌肉袋，我们所谓的胃，就会自行运作。我的意思是说，它会保持一些张力，同时维持应有的形状和位置。

好啦，奶水进到胃里，就留在那儿，接着展开我们称为消化的一连串程序。胃里随时都有液体存在，那是消化液，上面还有空气。这些空气对母亲和宝宝有特别的用处。当宝宝吞下奶水时，胃里的液体量会增加。如果你和宝宝都很安静，胃壁的压力就会自行调整，放松一点，胃就变大一点。不过，宝宝通常都有点兴奋，因此，胃要花点时间才能适应。

胃里暂时增加的压力会令宝宝感到不舒服，快速缓解的办法是让宝宝打个嗝。在你喂过宝宝以后，甚至在喂奶中，你会发现打嗝真是个好主意。打嗝时，最好把宝宝抱直，比较可能自然打嗝，又不会吐奶。这就是妈妈们总是把小宝宝抱在肩膀上，轻拍他们背部的缘故，轻轻地拍，会刺激胃的肌肉，让小宝宝更容易打嗝。

当然啦，通常宝宝的胃很快就适应了，一下子就接受奶水，根本不需要打嗝。可是，如果母亲处在紧张状态（有时会这样），宝宝也会变得紧张，在这种情况下，胃就需要比较长的时间，才能适应胃里所增加的食物。如果你了解这是怎么回事，就可以轻轻松松地处理打嗝问题，不会感到困惑不解。总之，打嗝会因每次喂奶的状况，以及每个宝宝的体质而有个别差异。

如果你不了解这是怎么回事，你一定会困惑不解，手足无措。邻居告诉你："喂奶后一定要让宝宝打嗝！"如果不知道根本缘由的话，你就无从争辩，只好把宝宝一直放在肩膀上，拼命拍个不停，努力想把你以为必须打出来的嗝硬挤出来。这种做法可能会变成教条。这样一来，你其实是强迫宝宝接受自己的（或邻居的）想法，结果反而干预了自然。可是，自然才是唯一的好方法。

好啦，这个肌肉袋子会把奶水留置一段时间，直到消化的第一个阶段发生。奶水发生的第一个变化就是凝固，这是自然的消化过程的第一阶段。事实上，制作奶酪就是在模仿胃里发生的事。因此，假如宝宝吐出一些凝固的奶，千万别惊慌，消化本来就该如此，而且小婴儿本来就很容易吐奶。

在消化阶段，最好能让宝宝安静休息。不管你是把宝宝放在婴儿床上躺一躺，或是轻轻抱一阵子，都随你，没有哪两个母亲或哪两个宝宝是一模一样的。在最舒适的环境里，宝宝只是躺着，似乎完全进入他的内在世界。这个时候，他的体内可能有种美妙的感觉，因为血液都赶往活跃的部位，肚子会有温暖的感觉。在消化过程初期，如果打扰了宝宝，让他分心或过度兴奋，很可能会引起不满的哭泣，也可能引发呕吐，或者在食物尚未消化之前就往下传送。我想你应该知道，喂奶时最好不要让邻居到家里来串门，这非常重要。不只如此，喂奶的时间也应该延长到食物离开胃部为止。就像一个庄严的场合，如果有飞机飞过，庄严的气氛就荡然无存了。所以，庄严的喂奶期，应该延伸到喂奶后，直到食物消化完为止。

如果一切顺利，特别敏感的消化时刻结束，你会听到咕噜咕噜的蠕动声音，这表示胃部消化奶水的任务已经完成，现在要自动把局部消化过的食物送过幽门，进入我们所谓的肠子里了。

好啦，肠子里发生的事你不需要知道太多。奶水的持续消化是非常复杂的过程，先是被吸收进入血液之中，再输送到身体的各部位。有意思的是，奶水一离开胃部就加入了胆汁，这是肝脏在适当时机分泌出来的。因为胆汁，肠子里的东西才会有特殊的颜色。你若是得过黄疸，就会知道，由于输送胆汁的胆管发炎肿胀导致胆汁无法从肝脏进入肠子的感觉会有多吓人。发生黄疸时，胆汁会进入血管而非肠子，那会让人全身泛黄。如果胆汁在适当时机走对路，从肝脏进入肠子，就会让宝宝感到很舒服。

只要查阅生理学书籍，你就可以找到奶水消化的进一步细节。不过，这些细节对母亲来说并不重要，重要的是，咕噜声表示宝宝的敏感时期结束，食物已经进入他的身体。从宝宝的角度来看，这个新阶段想必是一个谜，因为生理学远远超乎小婴儿的理解能力。不过，我们知道，肠子用各种方式吸收食物的营养，最后通过血液循环送到全身，送到一直生长的各个组织去。在小婴儿身上，这些组织长得很快，所以需要定期不断地供应养分。

· 第六章 ·

消化过程的终点

上一章，我们探索了奶水被吞下、消化和吸收的过程，这一段在宝宝的肠子里发生的事，母亲并不需要知道；就宝宝看来，这些事也是一个谜。接下来，宝宝渐渐进入我们叫作排泄的最后阶段，这个阶段，妈妈就不得不管了。当然，她必须明白是怎么回事，才能扮演好她的角色。

实情是，食物并没有被完全吸收；即使再完美的食物，如母奶，也会留下残渣，再加上肠子也有正常使用与老化所造成的耗损。总之，有许多剩余的东西必须排掉。

组成大便的各种物质逐渐通过肠子，到达下端尽头叫作肛门的开口。这到底是如何做到的呢？原来这些东西是经由一波波的收缩蠕动，经过长长的肠子而到达的。食物必须穿过这条狭窄的管子——肠子。在成人身上，这条管子约有六米长；在小婴儿体内，它大约三点六米长。

有时，有的妈妈会告诉我："医生，食物就这样穿过他。"在这名母亲看来，食物似乎一进入宝宝的嘴巴，立刻就从另一头出来了。表面上看来好像是这样，其实不然。重点是，宝宝的肠子很敏感，只要吃东西就会引起收缩蠕动；当这些食物残渣到达肠子的尽头时，大便就排出来。通常肠子的最后部分——直肠，多半是空的。假如有很多东西要排泄，或是肠子感染发炎了，收缩的频率就会变得频繁。渐渐地，只是渐渐地，小婴儿才会有办法控制排泄。现在我要告诉你，这一切到底是如何发生的。

首先，我们可以想象，因为大量的残渣等着要排出来，直肠开始胀满。虽然，肠子蠕动的真正刺激，可能来自上次喂奶启动的消化过程。但是，直肠早晚会装满。刚开始累积时，小婴儿并不知情，可是，直肠胀满时会产生确切的感觉，这种畅快的感觉让小宝宝想把大便排出来。一开始，我们不该期待宝宝把它憋在肛门里。你很清楚在襁褓初期，更换和清洗尿布是最大的工程，会占去大半的时间。只要小宝宝穿了衣服，你就必须勤快点，常常更换尿布，否则沾上大便的皮肤太久没清洗，小宝宝会感到疼痛。假如大便下来得太快，因此变成水泻时，更是需要勤换衣物。你没有办法用急躁的训练来摆脱尿布。假如你继续把工作做好，静观其变，奇妙的事情自然就会发生。

你瞧，假如最后阶段宝宝把大便憋在直肠里，大便会变干；在等待的时候，大便里的水分会被吸收，大便就会变成固体排出。如此一来，宝宝就会享受排泄的经验。事实上，在排便的时候，由于太兴奋，宝宝还会因为快感过于强烈而哭泣。你瞧，懂得把事情留给宝宝有什么好处了吧（不过到目前为止，宝宝还无法自行善后，你必须帮忙）！你是在给他机会，让他从经验中发现，在排泄前暂时憋一下，感觉还不错，他甚至会发现，结果还蛮有意思的。事实上，顺利的话，排便会是相当令人满意的经验。培养宝宝对这些事情抱持健康的态度，才是你日后训练他做任何事情的不二法门。

以爱回应宝宝的呼唤

或许有人告诉过你，每次喂奶后，你就应该养成抱宝宝去上大号的习惯，目的是尽早开始训练他。如果你真这么做，你应该了解，这顶多只能让你省下清洗脏尿布的麻烦而已。这里头有太多学问了，而且宝宝还太小，根本无法接受训练。如果你在这些事情上不让他自己发展，你就干预了一个自然过程的开端，也会错过许多美好的经验。比方说，只要等一等，早晚你会发现，躺在婴儿床上的宝宝，会想办法让你知道他排便了；甚至不久以后，你就会得到他即将排便的暗示。那时，你跟宝宝就会展开全新的关系，他虽然无法用成人的方法跟你沟通，可是他已经找到不用言语就能说话的方法。他好像在说："我想我快要便便了，你有兴趣吗？"而你（虽然不是真的这么说）回答："有。"你让他知道你有兴趣，并不是因为你怕他弄脏衣服，也不是因为你觉得应该教他保持卫生，而是因为你用妈妈的方式来爱他，对他来说很要紧的事情，在你看来当然也很重要。而且，你并不介意自己是否来得太迟，因为重点不是要让宝宝保持干净，而是要回应他的呼唤。

然后，你跟小婴儿在这些方面的关系就会更加丰富。有时宝宝会害怕自己快要排便了，有时又觉得这是件值得的事。由于你所做的事情纯粹是出于母爱，你很快就能够分辨，究竟是在帮宝宝善后，还是在接收礼物。

说到这儿，有个实际可行的观点值得一提。当宝宝排出令人满意的大便后，你大概以为就到此为止了，把宝宝清洗干净后包裹好，继续去忙原来没做完的事。可是宝宝却显得不舒服，可能又立刻把尿布弄脏了。很可能是直肠才刚刚净空，马上又被大便填满了。所以，如果你不赶时间，可以等一会儿，在下一波的收缩蠕动发生时，宝宝这一回就可以排空了。这可能一再发生。所以，只要不赶时间，就能让宝宝的直肠净空。这么做可以让直肠保持敏感，等它下次再度充满时，也就是几个小时后，宝宝就可以用自然的方法重复整套过程。因此，老是匆匆忙忙赶来赶去的妈妈们，总是会让宝宝的直肠留下一些便便。这些便便可能会排出来，又弄脏尿布；也可能一直憋在直肠里，让直肠变得比较麻木，多少影响到下一次的排泄。不慌不忙的处理态度，长期下来，可以在排泄功能上给宝宝一种秩序感。如果你老是匆匆忙忙的，就无法让孩子经历全部的经验，孩子会在混乱的困惑中出发。

没有困惑的孩子以后才能跟随你，并且逐渐放弃在冲动来临时就想立刻排便的莫大快感。宝宝这么做倒不是要配合你的愿望，尽量不搞脏衣服，而是为了等待你，以便了解你照顾自己小孩时的喜好。再过些日子，宝宝就有能力控制排便这件事情，当他想支配你的时候他就弄脏，当他想讨好你的时候他就忍住，等待方便的时机降临。

我可以告诉你，很多宝宝在排便这件重要大事上，从来没有机会发现自我。我知道有个妈妈从来不让她的每个孩子自然大便，她的说法是，直肠里的大便多多少少会毒害宝宝。实际上并非如此，婴幼儿几天不排便是无碍的。可是这名妈妈总是用肥皂条和灌肠剂来干扰每个宝宝的直肠，结果是一塌糊涂，她当然不可能养育出会喜欢她的快乐小孩。

同样的原则也适用于另一种排泄：小便。

水分吸收进血液里，多余的水分则跟溶解于其中的废物，一起从宝宝的肾脏过滤出来，排到膀胱。在膀胱充满以前，宝宝并不知情，充满后他就会有想要排尿的冲动。起初，这多半是自动反应，可是宝宝逐渐发现，憋一下就有奖赏，因为憋一下再排尿是有快感的。这里发展出的另一种秘密仪式，丰富了小婴儿的生命，让生命值得活下去，也让身体值得住下去。

随着时间的推移，等待会让你发现，小婴儿有许多事都可以为你所用，因为你从蛛丝马迹就能看出端倪了。你对这个过程的兴趣，会让小宝宝的经验更丰富。假以时日，宝宝为了博得你的爱，会变得喜欢等待，只要这个等待不至于太久就好。

现在你明白，就如同喂奶一样，在处理排泄这件事情上，宝宝有多需要妈妈了吧？因为，只有母亲才会觉得，亦步亦趋配合宝宝的需要是值得的，因此，她才能让身体的兴奋经验，成为母子亲情的一部分。

当这样的事真的发生，并且维持了一段时间后，所谓的训练自然不费吹灰之力就达成了。这是因为这个母亲已经赢得了这种权利，可以向小婴儿提些要求了，只要这些要求不超出小婴儿的能力范围。

这又是平凡的母亲用平凡的关爱，为宝宝打下健康底子的最佳实例。

·第七章·

母亲应该怎样喂奶？

我早就说过，宝宝可能从一开始，就很欣赏母亲生气蓬勃的特质。母亲育儿的喜悦之情，很快就会让小婴儿明白，这一切的背后有个人。不过，让宝宝觉得这个人就是母亲的原因，也许是母亲设身处地为小婴儿着想的能力，正是这个能力让她懂得小婴儿的感受。任何书本上的原则都无法取代母亲的感同身受，这种能力使她有办法体会小婴儿的需求，并密切配合那些需求。

我要利用实地观察不同的喂奶场景，来比较两个宝宝的情况，并借此说明上述的观点：一个是在家里由母亲哺乳的宝宝，另一个是在养育单位接受照顾的宝宝。养育单位是个还不错的地方，可是护士工作繁忙，没时间进行一对一的照料。

我们先来看养育单位里的小宝宝。读到这里的护士，如果你们做的就是喂小婴儿喝奶的工作，请原谅我用最糟糕而非最好的例子来说明。

假设，喂奶时间到了，小宝宝还不知道会发生什么事。他对奶瓶或人都还没有多少认识，不过却满怀希望，期待着令人满意的好事发生。护士来了，把小宝宝抱起，让他靠在婴儿床上，再用枕头垫在奶瓶下，靠近小宝宝的嘴巴。护士把奶嘴塞入小宝宝的嘴巴后，等了一下子，就转身去照顾另一名哭泣的宝宝。起初，喂奶的工作进行得相当顺利，因为饥饿的宝宝受到刺激，吸吮奶嘴奶水就来了，目前为止感觉还不错；可是不久后，这塞在嘴巴里的东西，就对他的生存构成莫大的威胁。宝宝哭了起来，或开始挣扎，然后奶瓶掉下来了。他松了一口气，但只维持了片刻，因为宝宝很快就想吃奶，可是奶瓶没来，他再度哭泣。过了一会儿护士回来了，再度把奶瓶塞入宝宝的嘴巴里，这时在我们眼中看来还是一模一样的奶瓶，对宝宝来说却是个坏东西了，因为它变得危险。就这样，事情不断恶性循环下去。

现在，我们再来看另一个极端，瞧瞧有妈妈呵护的小宝宝。每次看见心情放松的母亲，用体贴的方式处理同样的情境时，我总是钦羡不已。这个母亲会把宝宝照顾得舒舒服服，还营造一个环境好让哺乳顺利进行。事实上，环境也是母子关系的一部分。如果她亲自喂奶，她会让小宝宝的双手随心所欲地触摸她的乳房，感觉她的体温，更重要的是，让宝宝测量自己跟乳房之间的距离，因为小宝宝只有在自己的小小世界里才认得出任何目标，也就是他用嘴巴、双手和眼睛接触得到的范围。母亲也会允许宝宝的脸颊接触乳房，不过，刚开始宝宝并不知道乳房是母亲的一部分。在脸颊触碰乳房的体验中，宝宝并不知道这个舒服的感觉，究竟来自乳房还是脸颊。事实上，小宝宝会玩自己的脸颊，还会抓它们，仿佛脸颊就是乳房似的。母亲通常会容许宝宝做他想要的亲密接触，理由很多，其中一个是，宝宝在这方面的感觉十分敏锐，假如这些感觉很敏锐，我们就可以确定这是很重要的。

一开始，宝宝会需要我所描述的这些非常安静的经验，也需要被人宠爱地抱着，那是一种鲜活的抱法，不急躁、不焦虑、不紧张，这些就是环境设置。母亲的乳头和宝宝的嘴巴早晚会发生某种接触，至于究竟是什么倒无所谓，因为，母亲就在情境里，她是情境的一部分，而且她还特别喜欢这种关系中的亲密感觉。至于宝宝的行为举止究竟该如何，她毫无成见。

接着，乳头跟宝宝嘴巴的接触，给了宝宝一个想法："或许嘴巴外面有东西值得试试看。"宝宝开始分泌口水，事实上，口水可能多到让宝宝喜欢吞口水，有片刻他甚至不需要奶水。母亲渐渐让宝宝在想象中对她所能提供的东西产生胃口，宝宝也开始用嘴含住乳头，并且用牙龈咬住乳头的根部，或许还会开始吸吮。

然后，宝宝停顿了一下，牙龈放开乳头，他从原先的活动中退出来，乳房的印象淡出。

万事俱备的喂奶环境

你看得出来，最后这一点有多么重要吗？先是宝宝有了一个念头，有乳头的乳房就来了，然后有了接触。接着，宝宝断了这个念头，他转过头去，乳头跟着消失。这就是我们上面所描述的宝宝，跟身处忙碌的养育单位里的婴儿，二者在经验上最重大的差别。当母亲看到宝宝转过头去，她会怎么办？她不会把乳头硬塞进宝宝的口中，强迫他再度开始吸奶。母亲了解宝宝的感觉，因为她是活生生的人，有想象力，她会耐心等待，过几分钟，甚至更快，宝宝就会再度转向她的乳头，在适当的时机，再度展开新的接触。这种情形会一再重复，因为，宝宝不是从一个装着奶水的瓶子里喝奶，而是从一个人的身上吸奶，这个人暂时把自己借给一个知道该怎么办的小婴儿。

"母亲是如此体贴地配合"这个事实表明，她是活生生的人，不需多久，宝宝就懂得欣赏这一点。

我想特别指出，在后面这个例子中，母亲让宝宝别过头去的这个做法相当重要，当宝宝不想要乳头，或不再相信它时，她能够做到把乳头从宝宝的口中移开，正是这一点使她成为母亲。这是十分细腻体贴的动作，刚开始母亲未必做得到，有时候宝宝也会借着拒绝食物、别过头去或是睡着，来表示他有权获得人性化的对待，这时，想要展现慷慨气度继续哺乳的母亲会非常失望。有时候，她会受不了涨奶的痛苦

（除非有人教她如何挤奶，她才能够等待宝宝自动转向她）。不过，如果母亲明白，宝宝扭过头，离开乳房或奶瓶，是有价值、有意义的，她们大概就能渡过这些难关。她们会把别过头去或想睡的表现，当作需要特殊照顾的征兆，这表示合适的喂奶环境得要万事俱备才行：母亲必须感到舒服，宝宝也必须感到舒服，此外还要有充裕的时间，宝宝的双臂必须能够无拘无束，宝宝的皮肤也必须能够随心所欲感受母亲的肌肤，甚至必须把宝宝赤裸地放在母亲赤裸的身体上。如果这当中有任何勉强，绝对是徒劳无益的。只有给宝宝一个找得到乳房的背景设置，才有希望培养适当的喂奶经验。这些反应在小婴儿未来的成长阶段可能还会再次出现。

趁着谈到这个话题，我还想谈一下新生儿母亲的处境。这个母亲才刚刚渡过分娩难关，需要专业的协助。在这个关头，她还在接受照顾，特别依赖旁人，对于恰好就在身旁的重要妇女的意见，格外敏感，不论这个人是医院的护理长或助产士，还是她自己的母亲或婆婆，所以，她的处境十分艰难。毕竟，为了这一刻，她已经做了九个月的准备。我在前面也解释过，她是知道如何喂母乳的最佳人选，可是其他博学人士的性格如果很强势的话，她是很难跟他们抗衡的，要不至少也得等她生过两三个小孩，有点经验以后才有可能对抗得了。还好，产科护士或助产士与母亲的关系，通常是融洽的，当然也是最理想的。

这一关系融洽的话，母亲就有机会用自己的方式，处理跟宝宝的第一次接触。宝宝会有大部分时间都在她的身旁睡觉，她可以不断低头查看床边的摇篮，看看自己生出来的是不是个乖宝宝。她会渐渐习惯宝宝的哭声，假如哭声让她感到烦忧，她睡觉时孩子就会被抱走，稍后再送回来。当她察觉到宝宝想吃奶，或者想跟她的身体接触时，别人就会把宝宝抱到她怀里来哺乳。在这样的经验里，宝宝的脸颊、嘴和双手与她的乳房展开了特殊的接触。

我们都听说过，年轻的母亲常常不知所措，没人跟她解释任何事情，除了吃奶时间以外，宝宝都被安置在别的房间，或许跟其他宝宝在一起，但婴儿房随时都有宝宝在哭，母亲没有办法认出自己宝宝的哭声。喂奶时，宝宝被抱进来交给母亲，全身紧紧裹在一条大浴巾里。而母亲必须接受这个长相怪异的小东西，并用乳房喂它（我是故意用"它"），可是她既没有感觉到奶水充满乳房，小宝宝也没有机会可以去探索，去产生念头。我们甚至听说，如果宝宝不吸奶，所谓的帮手还会发怒，几乎是把宝宝的鼻子硬推向乳房的。有过这种恐怖经验的人，应该还不少。

不过，即使是母亲也是通过体验才学会做母亲的。我想，母亲们如果知道自己会随着体验成长，应该会好过些。但是，如果她们一开始就以为，必须努力读书，才能学会做个完美的母亲，她们就走错路了。不过，到头来，我们需要的始终是，那些彻底领悟、懂得相信自己的母亲与父亲，正是这些父母建立了最好的家庭，让宝宝得以发育成长。

· 第八章 ·

乳房哺乳

上一章，我们从个人的角度来讨论乳房哺乳。这一章，我们要从技术面来探讨同样的主题。我们先从母亲的角度来了解要讨论什么，医生和护士就能够知道，母亲们可能会遭遇哪些情况，或想问哪些问题。

小儿科医生曾经在一场讨论会中，提过以下这个要点："我们并不是真的了解乳房哺乳的独特价值，也不知道应该遵循怎样的原则，来选择断奶时机。"生理学和心理学显然都有责任来回答这些问题。我们必须把身体发展的复杂研究留给小儿科医生，同时尝试从心理学的角度，来表达一点意见。

乳房哺乳的心理学极为错综复杂，已知的部分大概也够写下一些清楚而有帮助的建议了。可是，问题来了，专家写出来的东西，虽然都是真的，一般人却未必都能接受，所以，我们得先处理这个矛盾。

小婴儿究竟有怎样的感受，连年龄相近的儿童都不可能知道，更何况是成人。我们内心虽然都贮藏着襁褓时期的感受，却难以重新捕捉。不过，小婴儿的感受强度，其实和精神病人的痛苦强度难分轩轾。小婴儿在某个时刻，被某类感觉全然占据的状况，有时会在病人被恐惧或悲恸全然占据时重新浮现。我们直接观察小婴儿时发现，要把我们的所见所闻转化为感觉的术语，是有困难的；既然如此，我们就用想象，而且尽量不做错误的想象，因为我们对此情境的各种想法，跟后来的发展相当有关。亲自带小孩的母亲最能够体会宝宝的感受，因为她们拥有母子连心的特殊能力，即使这种能力几个月后就会丧失。不过，在丧失以前，她们可以不靠言语，就了解小宝宝的感受。

医生和护士对自己的职务虽然很擅长，但并不比其他人更懂得小婴儿的感受，毕竟人类也是在近代才刚刚积极投入做自己这一伟大任务中的。据说，没有任何一种人际关系会比兴奋的哺乳期的亲子（或乳房与小婴儿）关系，更强烈了。我不敢期待人们会轻易相信这一点；不过，在思考像乳房哺乳与奶瓶喂奶的相对价值这类问题时，至少该把这个可能性放在心上。一般来说，面对动力心理学里最真实的一切时，人们总是无法立即且全然地感受其真实性，其中尤以襁褓初期的心理学为最。在其他科学领域中，假如发现某件事情是真的，人们通常毫不费力就接受了，可是一碰到心理学，总是教人感到紧张，所以不怎么真实的事，反而比事实本身更容易接受。

有了这个前提，我想做个大胆的声明，那就是在乳房哺乳这个秘密仪式中，小婴儿跟母亲的关系特别强烈。这项关系的内涵很复杂，因为它必须包括期待的兴奋、哺乳的经验、满足的感觉，以及满足本能的兴奋后产生的安静结果。我们在年纪稍长后体验到的一连串性方面的感觉，将可与婴儿期乳房吃奶的强烈感觉相媲美。个人在体验前者的时候也会想起后者，因此我们会发现，性经验的模式确实来自早年婴儿本能生活的特征与特性。

不过，本能的时刻并非婴儿生活的全部。除了具有兴奋和高潮感觉的哺乳与排泄经验之外，还存在着其他时刻婴儿对母亲的关系。正因如此，在襁褓初期的情感发展中，小婴儿有项重大的功课要做，那就是把这两种母子关系结合在一起，其中一种是本能兴奋的状态；而在另一种关系里，母亲作为环境和供应者，满足孩子安全、温暖等基本生理需求，保护孩子免于意外伤害。

对哺乳感到满意是宝宝日后独立的基础

没有任何事情可以像兴奋期间一样（既拥有生理需求的满足，又有满意的美好经验），如此清楚而满意地让小婴儿感受到，母亲是个独立存在的完整个体。当小婴儿逐渐认识到母亲是个完整的个体时，他可能就有办法回报她所提供的一切，小婴儿会变成完整的个体，有能力珍惜受关怀的时刻，那是他受了恩惠，但还没有能力回报的时刻。这也是罪恶感的起源，以及当亲爱的母亲不在身边时，小婴儿有能力感受悲伤的开始。如果母亲跟小婴儿的关系，能够做到满意的哺乳，同时又跟小婴儿融为一体，并维持足够长的时间，直到她跟小婴儿都觉得彼此是完整的个体为止，那么小婴儿的情感发展，就已经朝健康的方向走了好长一段路，并成为他日后在世上独立生存的基础。许多母亲的确在最初几天就觉得已经跟小婴儿建立亲情，也期望小宝宝在几周大时，就会用微笑打招呼。这些都是需要母亲用心照料以及宝宝本能需求的满足体验才能取得的成就。而在最初的养育阶段，小婴儿感受到的哺乳方面不经意的威胁，或者跟小婴儿其他本能满足体验有关的困难，或者小婴儿无法理解的环境变化，都可能毁掉这些成就。在幼儿的发展上，这个早期建立并维持下去的完整人际关系，是最重要的。

因故无法喂母乳的母亲，当然还是可以在喂奶的兴奋时刻，使用奶瓶满足宝宝的本能，并借此早早建立大部分的母子关系。但大体上看起来，在喂奶的行为上，用乳房哺乳的母亲，相对来说能得到更丰富的经验，而这一点似乎有助于早早建立母子关系。但是，假如本能的满足是唯一的考量，乳房哺乳就不会优于奶瓶喂奶了，母亲的整体态度才是真正的关键。

此外，在研究乳房哺乳的独特价值时，还有一件极重要的事使问题变得更加复杂，那就是小婴儿是有想法的。在心灵世界里，每项功能都被苦心经营着，即便在生命之初，小婴儿对吃奶的兴奋与体验也投注着幻想。这类幻想的内容，就是对乳房毫不留情的攻击。当小婴儿有能力感知所攻击的乳房其实是属于母亲时，幻想最终变成了对母亲的无情攻击。在原始的爱的冲动里，有个非常强烈的攻击成分，就是吃奶的冲动。不久之后，从幻想角度来看，母亲受到了毫不留情的攻击，虽然可以观察到的攻击现象似乎只有一点，但小婴儿那蕴含摧毁成分的攻击目的是无法被忽略的。满意的哺乳不仅让小婴儿完成了生理上的狂喜，也使其愉快圆满地度过了这段幻想经历。话虽如此，等小婴儿懂事后，发现受到攻击并且被吸干的乳房是母亲身体的一部分时，他会因为自己的攻击念头，而显现出某种程度的担心与忧虑。

这个含着乳房喝了一千次母奶的小婴儿，跟用奶瓶喝了同样奶水量的小婴儿，处境显然大不相同。在前者（乳房哺乳）的情况下，母亲的幸存比在后者（奶瓶喂乳）的情况中，更像个奇迹。我并不是说，用奶瓶喂奶的母亲无法尽力达到这个效果。她当然可以跟小宝宝玩耍，也让小宝宝玩耍似的咬她。甚至我们也看得出来，当一切顺利进行时，小宝宝的感觉几乎跟用乳房喂奶的小婴儿一样，但其中还是有差别。在精神分析的实际操作过程中，如果有时间慢慢收集成人各式各样性经验的所有早期根源，分析师可以得到很充足的证据，显示含着乳房吃母奶的满意经验，也就是汲取母亲身体一部分的这个确定事实，提供了跟本能有关的各种体验的未来"蓝图"。

有时，小宝宝无法吸吮乳房，这是很常见的事，但并不是宝宝天生的能力有问题（那是少见的情形），而是有事情干扰了母亲的心情，使她无法配合宝宝的需求。如果坚持乳房哺乳，反倒是错误的建议，甚至可能会酿成大灾难。这时要是改用奶瓶，反而教人大大松了一口气。常见的情况是，有吸奶困难的孩子，从母亲的乳房改换成与个人比较无关的方法（也就是奶瓶）时，就毫无问题了。这呼应了让某些宝宝躺在婴儿床上的价值，因为母亲如果陷入焦虑或忧郁，反而会破坏被拥抱的体验所带来的丰富性，扭曲了拥抱的过程。看到跟着焦虑或忧郁的母亲的小婴儿，在断奶后松了一口气的样子，应该可以让这方面的研究在学理上获得启发：就喂奶而言，母亲履行她育儿功能的正向能力，有多么重要。成功对母亲来说很重要，有时候甚至比对小婴儿来说还要紧；当然，对小婴儿来说也很重要。

在这一点上，还要补充的是，成功的乳房哺乳，并不表示所有的问题就此迎刃而解了；成功只表示，一段非常强烈而丰富的人际关系已经展开，接下来小婴儿可能产生某些征兆，而这些征兆显示：在生命中，以及在人际关系中，所有内在的重要困难，如今都要开始面对了。当我们不得不用奶瓶来取代乳房哺乳时，通常各方面都会松了一口气。而从简单的育儿角度来说，医生可能会觉得，既然能教各方都松一口气，他显然就做对了。可是，那只是从健康或生病的角度来看待人生。至于那些关心小婴儿的人，则必须从人格的贫瘠或丰富的角度来思考，而这又是另一回事了。

乳房哺喂的小婴儿，很快就会发展出他的能力，开始使用某些客体来象征乳房，也就是用来象征母亲。小婴儿对母亲的关系（包括兴奋与安静的时候），会通过他跟手掌、拇指或手指头，或是跟一小块布、一个柔软玩具的关系来表示。小婴儿的感情目标被这些客体取代的过程是逐步进展的。只有关于乳房的想法通过真正的经验，而融入小婴儿的心中时，客体才能够代表乳房。起初，奶瓶可能被看成乳房的代替品。不过，只有当小婴儿有过乳房经验，而奶瓶又在适当时机，被当作一个玩具来引介时，这个说法才说得通。如果在最初几周内，就用奶瓶来取代乳房，情形就不一样了。这时，它反而多少代表了婴儿与母亲之间的障碍，而非联结。大致上，奶瓶并不是好的乳房代用品。

观察乳房哺乳和奶瓶喂奶的差别，是如何影响断奶，是很有意思的主题。基本上，这两种断奶过程必须完全一样。当小婴儿长到会玩丢掷东西的游戏这一阶段时，母亲就知道小婴儿已经发展到了一种状态，断奶对他是有意义的了。这时，不论是乳房哺乳，还是以奶瓶喂乳，断奶的时机都到了。从某种程度来说，没有任何一个宝宝能够做好断奶的万全准备，但是，有一些宝宝却自己断奶了。断奶多少是带着点怒气，也就是因为这样，乳房跟奶瓶才会如此不同。在乳房哺乳的情况下，有个阶段是宝宝跟母亲必须相互妥协才能顺利度过的。在这期间，宝宝会对乳房感到愤怒，他的攻击念头更多出自愤怒，而非欲望。对于成功度过这个阶段的婴儿和母亲来说，这个经验显然比用奶瓶取代乳房这种更机械化的喂奶方法要丰富许多。断奶经验里有个重要的事实，即母亲是从断奶所引发的一切感觉中幸存下来的。她之所以能幸存下来，部分是因为小婴儿保护了她，另一部分则是因为她也可以保护自己。

领养的宝宝要喂母乳吗？

此外，如果是即将送给别人领养的小孩，我们必须考虑一个实际的重要问题：对小婴儿来说，究竟是有过一段乳房经验比较好，还是完全没有比较好？我想，这答案是不可得的。以现有的知识来说，我们无法确定，当一个未婚妈妈知道小孩已经在被安排领养时，究竟是建议她用乳房哺乳好，还是直接用奶瓶喂奶好？许多人认为，如果母亲有机会喂母乳，至少应该哺乳一阵子，这样当她把小孩送给别人时，心里会好过点；可是，换个角度来说，经过这个阶段以后，要再跟小孩分离，她可能会十分痛苦。这是非常错综复杂的问题，让母亲经历这种痛苦，总比让她事后才发现，自己被剥夺了这段日后可能会觉得弥足珍贵的经验，要来得好一点，毕竟，这段经验的感受是如此真实。然而，每种情况都要根据个别差异来处理，要充分顾及母亲的感受，也得顾及小宝宝的权益。成功的乳房哺乳和断奶，会为领养提供稳定的基础，这一点似乎是很肯定的。不过，有了好的开始的孩子却要送给别人领养，又比较罕见。比较常见的是，这个小孩的生命从一开始就陷入混乱，领养人会发现，自己所照顾的小宝宝，因为襁褓初期历史的错综复杂，已经显得骚动不安了。因此，有件事是确定的，那就是这些事相当重要，还有，领养时，绝对不能忽略喂奶的历史，以及出生后头几天和几周的育儿史。如果起初一切都很顺遂，领养过程就会很轻松；如果起头就已经陷入一团混乱，几周或几个月后要再接手就很难了。

我们可以说，假如孩子最后需要长期进行心理治疗，他最好在襁褓之初就跟乳房有过一些接触，因为这可以给他充实的人际关系基础，以便治疗时能够重新捕捉。不过，话虽如此，大部分孩子并不会来做心理治疗，长期的心理治疗更是罕见。因此，安排领养时，最好还是用可靠的奶瓶喂奶比较好，因为它不会亲密地介绍母亲本人，小婴儿比较容易觉得，虽然参与喂奶的人有好几个，至少在育儿过程上是一致的。从一开始就用奶瓶喝奶的宝宝，经验虽然比较贫瘠，但或许也就是因为经验贫瘠，比较可能让一群照顾者轮流分工喂奶，而不会使小婴儿陷入混乱，毕竟奶瓶和喂奶是不变的。对小婴儿来说，一开始还是必须有些可靠的东西，否则他的心理健康就无法有个好的开始。

探究这个领域时，要做的事还很多，我们不得不承认，帮助我们了解乳房哺乳问题最有收获的新来源，是长期持续来做精神分析的各类型案例，其中包括正常的、精神官能症以及精神疾病的案例在内，这些案例遍布各年龄层，儿童和成人都有。

总结来说，要轻松跳过乳房哺乳的代用品议题，是不可能的。在某些国家和文化里，用奶瓶喂奶已是成规，这也必然会影响该地的文化模式。从母亲的角度来看，假如一切顺利，乳房哺乳可以提供最丰富的经验，也是最令人满意的方法。从小婴儿的角度来看，乳房哺乳后母亲及其乳房的幸存，比用奶瓶喂奶后母亲及奶瓶的幸存，重要许多。由于乳房哺乳的经验比较丰富，母亲和小婴儿之间可能会因而产生困难，可是我们绝对不能因此而反对乳房哺乳，因为照顾小婴儿的目的，并不只是要避免症状的发生而已。照顾小婴儿的目标，也不单单局限在健康的发育，它还包括供应最丰富的经验，让小婴儿可以长期培养个性与性格的深度与价值。

· 第九章 ·

宝宝为何哭泣？

到目前为止，你想了解的，以及宝宝需要我们知道的一些显而易见的事情，我们都仔细考虑过了。宝宝需要母乳和温暖，也需要母爱与了解。假如你了解自己的孩子，就能在他需要的时候帮助他，而且，没人像母亲一样了解宝宝，所以除了你，也没人帮得了他。现在，我们就来谈谈，他特别需要帮忙的时刻，也就是哭泣的时候。

你知道，大部分的宝宝都很会哭，你常常得决定，究竟是要让他继续哭下去，还是要安抚他、喂他吃奶，或者让孩子的爸爸来帮一把，或是干脆将他完全交给那个对孩子很有一套的妇人（或许，这只是你一厢情愿的想法）。你大概希望，我可以简单地告诉你到底该怎么办。可是如果我真的这么做了，你八成又会说："别傻了！宝宝哭泣的理由有千百种，还没有找出理由以前，谁也说不准该怎么办啊。"那就对啦，正因如此，我现在才要跟你说说，宝宝哭泣的理由到底有哪些。

这么说吧，哭泣的种类有四种，这么说大概八九不离十。我们说得出来的原因，离不开下面这四类：满足、疼痛、愤怒和悲伤。你会发现，我说的是再平常不过的事。这是每个带小婴儿的母亲都知道的事，只不过她没有将心得写出来罢了。

我要说的很简单，哭泣要不是给宝宝扩充肺活量的运动感觉（满足），就是苦恼的信号（疼痛），再不然就是表达怒气（愤怒），或是唱一首哀伤的歌（悲伤）。假如你可以接受这个寻常的见解，我就可以解释我的意思。

为满足而哭

我一开始就说，哭几乎是为了满足、为了愉悦，这么说你们可能觉得很奇怪，因为人人都认为，宝宝哭必然是感受到某种程度的苦恼吧。不过我还是认为，满足应该是第一个原因。我们必须承认，愉悦跟哭泣的关系，就像它跟任何身体功能的运作一样，所以有时候我们会说，宝宝要哭到一定的量才满意，如果少于这个量就是哭得不够。

有的的母亲会告诉我："我的宝宝很少哭，只在吃奶前哭一下。当然啦，他每天四点到五点，一定会哭一个小时，不过我觉得他喜欢这样。他也不是真的不舒服，所以我会让他看到我就在旁边，但不会刻意去安抚他。"

有时候，人们会告诉你，宝宝哭的时候千万不要把他抱起来。关于这一点，我们稍后再讨论。也有人说，绝对不能任由小婴儿哭个不停。我觉得，这些人大概是在告诉妈妈们，不要让孩子把拳头放到嘴巴里去，或是吸吮拇指，或吸奶嘴，也不要在庄严的哺乳后，让他在胸脯上玩耍。其实他们不知道，宝宝自己有（而且不得不有）办法对付麻烦。

总之，很少哭的小婴儿，未必就比爱哭的小宝宝过得好。而且，如果要在这两个极端之间做选择，我宁可选择爱哭的小孩，毕竟他已经充分了解自己制造噪声的能耐。但一定要有个前提：大人没有常常让他哭到陷入绝望。

我要说的是，从小婴儿的观点来看，身体的任何运动都是好的。呼吸本身对新生儿来说，就是崭新的成就，在对此习以为常之前，呼吸是很有趣的；而大喊大叫以及各种形式的哭闹，必然也会让小婴儿感到兴奋刺激。因此，哭泣是有价值的，认识到这一点很重要，哭能让我们看到它是如何在有麻烦的时候起到安抚作用的。宝宝哭是因为感到焦虑或不安，而且哭能帮不少忙，至少帮人安心，我们不得不同意，哭是有好处的。再过一阵子，他就会学说话，到时候，这个蹒跚学步的小家伙，将会敲锣打鼓、说个不停。

你知道，小婴儿会利用他的拳头或手指头，通过把拳头塞入嘴巴，设法忍受挫折。尖叫就像从体内伸出来的拳头，无人能挡。你可以抓住宝宝的双手，使其远离他的嘴巴，可是你无法把他的尖叫塞回肚子里去。你无法彻底阻止宝宝哭泣，我希望你也不会做这种无谓的尝试。假如邻居无法忍受婴儿的哭闹声，那是你的不幸，因为如此一来，你就必须为了他们的感受，而采取行动阻止宝宝哭闹，但那是另一回事，跟我们研究你的宝宝为何哭泣，以便预防或阻止全然没有好处甚至可能有害的哭闹，完全无关。

医生们说，新生儿精力旺盛的哭，是健康和强壮的表征。之后的哭依然是这样，是最早的体育活动，一种生理功能的练习，如此令人满足，甚至感到愉悦。可是，哭泣的意义绝对不仅止于此，那么哭泣的其他意义又是什么呢?

为疼痛而哭

为了疼痛而哭，这是谁都认得出来的。这是大自然让你知道宝宝有麻烦了并需要你的帮忙的方法。

当宝宝感到疼痛时，他会发出一声尖叫，或是刺耳的声音，也会给你某些指示，让你晓得麻烦出在哪里，比如，他如果肚子痛，双腿就缩起来；耳朵痛，一只手就捂着那只疼痛的耳朵；如果是一道强光让他感到不舒服，他就将头转开。但对于巨大的碰撞声，他就不知如何是好了。

因为疼痛而哭，对小婴儿来说并不愉快，也没有人会认为这是舒服的事，因为宝宝会立刻惊动周遭的大人，让人采取必要的应变措施。

有种疼痛叫作饥饿。是的，我想饥饿对小婴儿来说，的确很像疼痛。饥饿让他感到疼痛的方式，大人已经快要忘记了，因为成人很少饿到肚子发痛。道理很简单，只要想想我们到底做了多少事，来确保粮食供应无缺，就明白了。即使在战争时期，我们也是如此。我们会纳闷，不知道下一餐要吃什么，但很少担心会不会没东西吃。假如我们短缺什么，就对它失去兴趣，不再成天想着它，也就不会一直想要却又得不到。可是，小婴儿太了解饥饿所带来的剧烈疼痛和折磨了。母亲们喜欢小婴儿乖巧又贪吃，一听到声音、看见景象、闻到味道就感到兴奋，知道吃奶的时刻到了；可是，兴奋的宝宝一感觉到饥饿，就用哭闹来表示。不过，要是令人满意的喂奶紧接而来，宝宝立刻就会忘了这种疼痛。

为了疼痛而哭闹，是孩子出生以后我们时时都听得到的。我们迟早会注意到新的痛苦哭声，那是理解的哭。我想，这表示宝宝有点懂事了。他已经知道，在某种环境下，他能够预料痛苦即将降临。当你开始为他脱衣服，他就知道他要离开舒适的温暖环境了，知道处境即将改变，所有的安全感即将消失，所以在你解开上衣的扣子时，他就开始哭了。他已经懂事了，有经验了，这件事会让他想起另一件。日子一周周过去，他渐渐长大，这一切自然变得越来越错综复杂。

你也知道，有时候小宝宝哭，是因为尿布脏了。这可能表示，宝宝不喜欢被弄脏（当然了，假如他继续包着脏尿布太久，皮肤会磨损、擦破，因而感到疼痛）。不过，他哭通常不是讨厌被弄脏，而是因为他已经学会预料骚动了。经验告诉他，接下来几分钟，所有的安全感将会消失殆尽，也就是他的衣服会被解开、脱下，而他将会失去温暖。

因害怕而哭的基础是疼痛，正是因为如此，每种情况下的哭声才会听起来都一样，但是，宝宝会记住疼痛，也会预料疼痛再次发生。因此，在宝宝经历过强烈的痛苦感觉后，当任何事情威胁着要让他再次经历那些感觉时，他就会因为恐惧而哭了。不久，他会开始发展出意念，有的意念是很吓人的，所以假如宝宝哭了的话，麻烦是出在有事情让他想起了疼痛，即便那件事情是他自己幻想出来的。

倘若你才刚刚开始思考这些事，你可能会觉得，我把它们变得既困难又复杂了，可是我没有别的法子。幸好接下来的部分就像眨眼睛般简单，因为我要说的哭泣的第三个原因是愤怒。

因愤怒而哭

我们都知道，脾气失控是什么模样，也知道有时气昏头会失去理智，一时无法控制自己。你的宝宝也知道什么是不计后果的勃然大怒。不论你多么努力，有时还是难免让他感到失望，所以他就愤怒地哭闹了。在我看来，你还有一点可以安慰自己，因为那样愤怒的哭闹大概表示，他对你还有点信心，他希望可以改变你。一个失去信心的宝宝是不会生气的，他只会停止想望，或是用悲惨、幻灭的方式哭泣，或开始用头撞枕头、撞墙壁或地板，再不然就用各种方式伤害身体。

让小宝宝充分认识自己的愤怒是很健康的。你瞧，他生气的时候，是绝对不会感到无辜的。你知道他发脾气的德性，又尖叫又乱踢，假如他够大的话，还会站起来，摇晃婴儿床的栏杆。他会又咬又抓，还可能吐口水和呕吐，把周围搞得一团糟。如果他真的吃了秤砣铁了心，还会屏住呼吸，脸上发青，甚至身体痉挛。那一刻，他真的打算摧毁或者至少糟蹋每个人和每样东西，在这个过程中，他就算毁灭了自己，也是在所不惜的。这时，你自然要竭尽所能，让孩子脱离这个状态。不过，我们可以说，假如一个宝宝在愤怒的状态下哭闹，而且觉得他已经摧毁了每个人和每样东西，身边的人却依然镇定自若，没有受到伤害的话，这个经验将会大大加强他的理解能力，他会明白，他以为真实的感觉未必就是真实的，而幻想与事实虽然都很重要，却是迥然不同的。当然，你也完全没有必要试着激怒他，原因很简单，不论你喜欢与否，已经有足够多的方式让你没法不激怒他了。

有些人活在世上，老是害怕情绪失控，即使自己在襁褓时期曾不顾一切地发飙，他们还是担心如果自己情绪失控，不知道会有什么后果。不过，出于各种原因，所谓的后果并不曾真正验证过。或许，当时他们的母亲吓坏了吧。母亲的镇定安抚本来可以培养小宝宝的信心，可是她们却把生气的宝宝当作真的很危险似的，结果就把事情搞砸了。

抓狂的宝宝仍旧是个人。他知道自己要什么，也知道怎样可以如愿以偿，并且拒绝放弃希望。起初，他根本不知道自己有武器，不知道尖叫会伤人，更不知道他的脏乱会带来麻烦。不过，几个月下来，他开始感到危险，觉得自己能够伤害人，有时确实也想伤害别人。不过，他迟早会从个人的痛苦经验中明白，其他人也会遭受痛苦，也会感到疲倦。

小婴儿知道他能伤害你，也有意伤害你，从观察中看出这些事情的最初迹象，可以让你得到许多收获。

因悲伤而哭

现在，我要来谈谈名单上第四个哭闹的理由：悲伤。我知道，我并不需要向你形容悲伤，就像我不需要向没有色盲的人描述色彩。然而，对我来说，只提悲伤就结束是不够的。我的理由有好几个，其中一个是，小婴儿的感觉是非常直接而强烈的，成人虽然珍惜婴儿时代的这些强烈感觉，在某些特定时刻也想要重温，但早就学会保护自己，远离婴儿时代那些几乎令人无法忍受的感觉。假如我们失去深爱的人，免不了会陷入沉痛的悲伤，经历一段哀悼期，朋友们也都了解和体谅我们的心情，知道我们迟早会恢复。也因此，我们不会像小宝宝那样，不分昼夜、时时刻刻向椎心泣血的悲伤敞开自己。事实上，许多人努力保护自己，避免陷入沉痛的哀伤，他们甚至把自己保护得过了头，以至无法如自己想要的那样——把事情当真；他们无法感觉到自己想要的深刻感觉，因为他们对真实是如此害怕。他们发现自己无法冒险去爱特定的人或物，如果大胆冒险，可能会失去许多；可是保护自己免于哀伤，他们也有所得。人人都喜爱令人热泪盈眶、感人肺腑的电影，这表示他们至少还没有失去悲伤的艺术！但是，当我谈到悲伤是小婴儿哭泣的理由之一时，我必须提醒你，你不太容易记得自己襁褓时期的悲伤，因此无法通过直接的共鸣，相信小宝宝的悲伤。

就算是小婴儿，也可以发展出有力的防御，来抵抗深沉的悲伤。不过，我努力尝试向你描述的是，确实存在而且你铁定听过的小婴儿的悲伤哭泣。我想帮助你看清楚哭泣的地位、意义与价值，这样当你听到小宝宝的悲伤哭声时，才会知道该怎么办。

我的意思是，当小婴儿透露出他因为悲伤而哭泣时，你就可以推断，他在感情的发展上已经进展了好长一段路。然而，我得告诉你，尝试去挑起悲伤的哭泣，你将会一无所获。这跟前面提到的愤怒，是相同的道理。你无法帮助他悲伤，同样的，也无法帮他生气。可是，愤怒与悲伤是有差别的，愤怒多少是对挫折的直接反应，而悲伤却透露出小婴儿心中十分复杂的发展，我会再试着解释。

不过，首先，我还是先说说悲伤哭泣的声音吧。我想你会同意，这个声音有着音乐般的乐音。有人认为，悲伤的哭泣是比较有价值的音乐的主要根源。在某种程度上，小婴儿借着悲伤的哭泣娱乐了自己。在等待睡眠来淹没自己的哀愁时，他可以很容易发出和尝试哭泣各种音调。长大一点时，他会真的听见伤心的歌声伴着自己入眠。你也知道，相比愤怒的哭泣，伤心的哭泣更容易流泪。没有能力伤心地哭，意味着宝宝的眼睛是干燥的，鼻子也是干燥的(泪水若非滚下脸庞，就是流入鼻子)，所以眼泪是健康的，在生理上和心理上皆然。

举个例子来解释，伤心的价值到底是什么意思。就拿十八个月大的幼儿来说吧，因为在这个年纪所发生的事情，比襁褓初期懵懂发生的事更可信。有个小女孩在四个月大时被人领养，领养前的遭遇十分不幸，因此特别依赖母亲。我们可以说，她无法像比较幸运的孩子那样，在心里建立起有个好母亲在身旁的念头，因此，她牢牢黏着对她呵护得无微不至的养母。这个孩子是如此需要养母在场，所以养母清楚自己绝对不可以离开孩子。但是，在她七个月大时，养母有一回把她托给一个信得过的育婴好手半天，结果几乎是一塌糊涂。如今，小孩已经十八个月大了，养母决定去休假两个星期。她跟孩子说好了，还把她托给熟识的人。可是，这两个星期之间，孩子一直试着转开母亲卧房的门把，她焦虑得无法玩游戏，也无法接纳母亲不在家的事实。她太害怕了，甚至无法感到伤心。我想，人们可能会说，对她而言，这个世界停顿了两个星期。最后，母亲回来时，孩子等了好一会儿，才确定自己看到的是母亲本人，她用双臂搂着母亲的脖子，陷入哭泣与沉痛的悲伤，然后才恢复正常。

从局外人的角度，我们看得出来，在母亲回来前，悲伤就已存在了。可是，从小女孩的角度来看，在母亲回来前，悲伤并不存在。她要等到见到母亲后才洒下伤心的泪水。怎么会这样呢？

我想可以这么说，小女孩必须克服某件让她十分害怕的事，那就是母亲离开她时，她对母亲所感到的恨意。我举这个小插曲为例，是因为这个小女孩很依赖养母（而且无法轻易在其他人身上找到母爱）。这个事实让我们很容易明白，小女孩会觉得痛恨母亲是非常危险的事，所以她一直苦苦等待母亲回来。

可是，等母亲回来时，她又做了什么呢？她很可能会走过去打母亲。如果你们有人有过这样的经验，我一点也不惊讶。可是，这个小孩却紧紧搂着母亲的脖子啜泣。对于这一点，母亲又该如何理解呢？我很高兴母亲没有把底下这些话说出来，因为母亲可能会说："我是你唯一的好母亲。你发现你痛恨我抛下你离开了，因此感到害怕。你很抱歉你痛恨我。不但如此，你还觉得我是因为你做错了事，或是因为你太黏我了，还是因为你在我离开前就恨我，我才会离开，因此，你觉得我是因为你才离开的。你还以为我再也不回来了。一直要等到我回来了，你搂着我的脖子时才明白，是你心里的念头把我送走的，即使早在我还跟你在一起的时候，就是这样了。你用悲伤赢得了搂着我脖子的权利，因为我的离开伤了你的心，你显然觉得，这一切都是你的错。事实上，你感到内疚，仿佛世界上所有的坏事都因你而起，其实你只是我离开的一个小小因素而已。小宝宝是个大麻烦，可是做妈妈的都有心理准备，也喜欢这个小麻烦。虽然你特别黏我，让我感到特别累，可是，是我决定要领养你的，我不会因为被你折腾得太累就讨厌你……"

母亲本来可以说出这一篇大道理，幸好她没有这么做；事实上，她心中从来不曾闪过这些念头，因为她忙着哄小女儿都来不及了。

悲伤背后的重要意义

不过是一个小女孩的啜泣，我为何说了这一大堆道理？我相信小孩伤心时，没有任何人的描述会一模一样。上面所说的，有些并没有说得很透彻，可是也没有完全说错，我只希望借由我所说的让你知道，伤心的哭泣是件十分错综复杂的事情。这表示，在这个世界上，你的小宝宝已经占有一席之地了，他不再随波逐流，无所事事了，他已经开始为环境负起责任了，他觉得自己必须为环境负责，而不只是对环境有反应而已。只不过麻烦出在，他觉得应该为自己的遭遇和生命中的外在因素，负起全部的责任。不过，慢慢地，他才有办法从他觉得应该负责的一切当中，分清楚他要负责的部分。

现在，我们来比较因悲伤跟其他几种情绪而哭泣的差别。你应该明白，从出生开始，小婴儿就会因为痛苦和饥饿而哭，愤怒则要等到他懂事以后才会出现，而害怕显示他已经懂得预料疼痛，也意味着，小宝宝的心中已经发展出意念来了。然而，哀伤是象征某件优于其他强烈感觉的事。假如母亲们了解，在悲伤背后所隐含的意义是多么有价值，就会避免错过这些。当人们听到孩子亲口说出"谢谢你"和"对不起"时，通常感到很开心。可是较早的这个版本，通常蕴含在小婴儿的伤心哭泣之中，而这个表现远比后来大人所教导出来的感激和忏悔的表示，更加珍贵。

在我对这个伤心小女孩的描述里，你想必已经注意到，她在母亲的怀中感到伤心，是相当合理的。跟母亲处在满意的关系中时，愤怒的小孩很少会继续愤怒。他如果赖在母亲的怀中，那是因为他不敢离开，但母亲可能会嫌烦，希望他离开。可是，这个悲伤的宝宝可以被慈爱的母亲搂抱在怀中，是因为他已经为伤害他的事情负起责任了，所以他赢得可以跟人们保持一种良好关系的权利。事实上，伤心的小宝宝可能会需要你的身体和爱的表示。不过，他并不需要被人轻推，或逗得发痒，也不需要其他令他分心以便忘却哀伤的方法。这么说吧，他还处在哀悼的状态，需要一段时间才能复原。他只需要知道，你还继续爱他就好。有时候，让他自己躺在那儿哭一哭，反而比较好。记住，在婴儿期和童年，没有什么会比真正自然地从伤心和内疚中复原更好的了，这是千真万确的，所以，有时候你会发现，孩子的故意调皮捣蛋是为了要感到内疚而哭泣，再感受到获得你的原谅，这么做的原因是，他急切地想要重温真正从伤心中复原的体验。

好啦，我已经向你描述过各种哭泣了。可以说的还有很多，不过，我想你已经从我尝试厘清的各种哭泣中获得帮助了。我还没有描述的是无望和绝望的哭泣，如果宝宝心中已经不抱任何希望，可能就会变成这种哭声。在家里，你可能永远都不会听到这种哭声。假如你真的听到了，情况就不是你所能掌握的，你会需要帮助了。尽管我在前面特别清楚地强调过，你比任何人都更有能力照顾好自己的小婴儿。这种绝望和崩溃的哭声，我们多半是在收容机构里听到的，因为，那儿无法给每个小婴儿一个母亲。我只是为了避免遗漏，才提起这种哭泣。

你愿意奉献自己来照顾小宝宝的事实，会显示他有多么幸运；除非有什么事情意外打乱了育儿的常态，否则他应该可以直截了当地让你知道，他什么时候在生你的气，什么时候又很爱你，什么时候不想要你，或者他什么时候感到焦虑或害怕，以及何时只想要你了解他正在经历伤心的体验。

第十章

一步一步认识这个世界

假如我们倾听哲学思辨的讨论，有时可能会看到人们说得口沫横飞，激动地争辩什么是真的，什么不是。有人说，我们摸得到、看得到和听得到的事物才是真的；有人则说，感觉真实才算数，像噩梦，或是在漫长队伍中等待巴士，却碰到恶劣的人来插队，内心油然而生的深恶痛绝。不过，这些话听起来实在太艰深了，而且，这跟照顾小婴儿的母亲又有什么关系？希望我接下来的说明可以解释得清楚。

照顾小宝宝的母亲们处理的是不断改变、持续发展的情况。一开始，小婴儿并不认识这个世界，可是等到妈妈完成育儿任务时，小宝宝就会长成了解世事、有办法在这个世界里生存的人，甚至还可以参与世界的运作。这段过程是多么了不起的发展啊！

可是，有些人在面对我们所谓的真实事物时会有点困难，因为，他们并不觉得那些是真实的。在你我的感觉里，世事有时显得格外真实，比如我们都做过感觉上比现实更真实的梦。但对某些人来说，他们个人的想象世界，比我们所谓的真实世界更真实，因此他们根本无法好好地活在真实的世界里。

现在，咱们来问一个问题，为什么一个平凡的健康人，可以感觉到这个世界的真实感，又可以感觉到想象的和个人的真实感？我们究竟是如何长成这样的？这个成长是很大的优势，因为这样一来，我们就可以运用想象力让世界变得更刺激，同时也让真实世界的事物变得更有想象力。我们就是这样长大的吗？好啦，我要说的是，我们并不是靠自己就能这样长大，而是一开始，每个人都有母亲，而且她还一步一步地介绍我们认识这个世界。

两岁到四岁的孩子究竟是什么模样？蹒跚学步的小娃儿，究竟是如何观看世界呢？对刚刚学会走路的宝宝来说，每种感觉都是十分强烈的。成人只有在特殊时刻，才能达到幼年时特有的美妙强烈感受。任何可以帮助我们达到这种境界，但又不会吓到我们的事都是受欢迎的。

对某些人来说，带领我们到达这个境界的是音乐或图画；对另外一些人来说，则是足球赛，或是盛装打扮去参加舞会，或是在经过女王的轿车旁那短短的惊鸿一瞥。那些脚踏实地但又有能力享受这些强烈感觉的人，是快乐的，哪怕他们只是在梦里梦见和记住这些感觉。

对小孩来说，生命只是一连串的美妙强烈感受，对小婴儿而言，更是如此。你已经看过，在你打断孩子的游戏时发生了什么事；事实上，你很想给他一个警讯，这样孩子才能好好结束游戏，并忍受你的打断。某位叔叔给你儿子的玩具，是真实世界的一小部分，但是，我可以了解，也会考虑到，要是能在恰当的时机，由对的人、用适当的方式把这个玩具拿给孩子，对孩子来说就有意义。或许，我们也可以想起自己曾经拥有的小玩具，以及它当时对我们的特殊意义。但是，假如它现在还摆在壁炉上，看起来是何等平淡无奇呀！

同时活在现实与想象里

两岁到四岁的小孩同时活在两个世界里：一个是我们跟小孩分享的世界，另一个则是小孩自己的想象世界。这两个世界重叠在一起，所以孩子能够如此强烈地经历它。面对这种年龄层的小孩时，我们并不会坚持，一定要他们对外面的世界有个精确的认知。孩子的双脚并不需要时时牢牢地固定在地面上。如果一个小女孩想要飞翔，我们不会告诉她："小孩子不会飞。"相反，我们会将她抱起来，扛在头顶上飞来飞去，再把她抱到柜子上面，让她觉得自己好像一只小鸟，回到鸟巢了。

不久，孩子就会发现，飞翔无法靠魔法达成。或许只有在梦中，神奇地飘浮在空中这件事多多少少还有所留存，至少会有个关于迈开大步走路的梦。有些童话故事，提到可以让人健步如飞的"七里格长筒靴"(Seven-League Boots)[1]，或是会飞的"魔毯"，这都是成人对这个主题的贡献。十岁左右，小孩会练习跳远或跳高，努力跳得比别人更远或更高。除了梦的缘故，这还是三岁左右自然产生的飞翔概念所残留的强烈感受或印象。

我要说的重点是，不需要把幼儿锁死在现实规范上，我希望当小孩长到五六岁大时，也不需要如此，假如一切顺利的话，到了那个年纪，小孩自然会对所谓的真实世界，产生科学方面的兴趣。这个真实世界可以给我们的很多，但是我们在接受的时候，可千万不要丧失个人内心世界或个人想象的真实感。

对小孩来说，内心世界同时是外在与内在的，这一点是理所当然的。因此，当我们玩起小孩的游戏，或换个方式参与小孩的想象经验时，就可以进入小孩的想象世界。

看看这么一个三岁的小男孩吧。他很快乐，整天自己一个人或是跟其他孩子一块儿玩耍，他还坐在餐桌旁边，像个大人一样吃饭。白天时分，他已经能够区分我们所谓的真实事物，以及小孩的想象力了。到了晚上，他又会怎样呢？睡觉，而且毫无疑问还会做梦。有时，他会尖叫着醒来。这时，母亲就会连忙跳下床，冲进房间打开电灯，把小男孩紧紧抱

1　一里格等于三英里，所以七里格相当于二十一英里，约三十四公里。七里格长筒靴是欧洲童话故事常常提及的一项魔法宝物。——译注

进怀里。他会因此开心吗？恰好相反，他可能会大喊："滚开，你这个巫婆！我要妈妈。"原来，是他的梦境蔓延到我们所谓的真实世界里来了。母亲一筹莫展地等了将近二十分钟（这段时间对孩子来说，她就是女巫）。然后，他又突然扑过来，紧紧搂着母亲的脖子，仿佛她才刚刚出现似的，但他还来不及告诉她扫帚的故事就又睡着了，所以母亲把他放回床上，再回自己房间去。

还有个七岁的小女孩，一个很乖的孩子，她告诉你，新学校里所有的小孩都跟她作对，女教师也很可恶，老是找她麻烦，拿她做坏榜样来羞辱她。这又是怎么回事呢？你当然得亲自去学校走一趟，跟老师谈一谈。我并不是说，所有的老师都十全十美；不过，你可能会发现，老师为人很坦率，她其实也很苦恼，因为小女孩似乎老是自找麻烦。

看吧，孩子就是这样，他们本来就不需要完全了解这个世界的真实模样，而且，我们必须允许孩子拥有成人所谓的妄想。所以，你可能只要邀请老师到家里来喝茶，就能解决问题。不久，你会发现，孩子又走到另一个极端去了，她十分喜欢老师，甚至近乎崇拜了。如今由于老师的爱，她反而挂念起其他不受宠的小朋友来了。再过些日子，整件事情就平息了。

假如我们观察幼儿园的幼儿，可能就很难通过我们对老师的了解，去猜测孩子是否喜欢这个老师。你可能认识这个老师，觉得她不怎么样，不太迷人，而且在她母亲生病时，还表现得很自私，诸如此类。但是，孩子对她的感觉并不是用这类事情来衡量的。孩子可能很依赖、很喜欢她，因为她很可靠、很和蔼，而她也确实是孩子的快乐和成长中不可或缺的人。

呵护母婴共享的小世界

不过，这一切都出自稍早时母亲与小婴儿之间的关系。这种关系有个特殊条件，那就是母亲跟小宝宝分享了一小块特殊的世界，而且要够小，孩子才不会搞混；但是这个小世界又要能够逐渐扩大，才能配合孩子，逐渐增加他对这个世界的享受能力。这是母亲最重要的一项任务，而她做来得心应手，再自然不过。

假如我们更仔细地来思考这一点就会发现，母亲有两种做法对这一点大有帮助，一是她不厌其烦地避免巧合，因为巧合会造成混淆，例如，在断奶时把孩子交给别人照顾，或者在出麻疹时改吃固体食物，等等。二是她有办法区分事实与幻想。关于这一点，需要更仔细地来探讨一下。

当小男孩在半夜醒来，把母亲误认为巫婆时，她很清楚自己并不是女巫，所以她可以耐心等待他恢复神志。第二天，当他问她："妈咪，世界上真的有女巫吗？"她立刻就可以回答："没有。"同时，她又找出一本女巫的故事书来讲给他听。

当你的小儿子对你特别准备且营养丰富的牛奶布丁做鬼脸，表示布丁有毒时，你并不会生气，因为你很清楚布丁是好的。你也知道，他只是暂时以为布丁有毒，你会想办法帮他打消顾虑，过不了几分钟，他可能就会津津有味地把布丁吃了。要是你对自己没有把握，就会少见多怪地强迫孩子把布丁吞下去，好向你自己证明它是好的。

你对什么是真的、什么不是真的已经足够清楚。关于这一点，你可以用各种方式来帮助孩子，因为小宝宝要慢慢地才能了解这个世界跟他想象中的不一样。而想象的世界跟真实的世界虽然不同，但却彼此需要。你记得宝宝爱上的第一样东西是什么，可能是一块小毯子，或柔软的玩具。对小婴儿来说，这样东西几乎是他自己的一部分，你要是把它拿走，或是拿去清洗，将会酿成一场灾难。但是，当小宝宝有办法把这个东西和其他东西丢掉时（他当然还是期待它们会被捡回来），你就知道时候到了，小婴儿已经能够允许你走开再回来。

现在，我想再回到一开始，俗话不是说，万事开头难，那么假如开头顺利，后面的发展也会一帆风顺的。所以我想再回来聊聊，刚开始喂奶的事。你还记得我描述过，当宝宝的脑中浮现意念时，母亲就供应她的乳房（或奶瓶）；当意念从宝宝的心中淡出时，母亲就让乳房消失。你是否看得出来，这么做的时候，母亲已经用一个很好的开始，把这个世界介绍给小宝宝了？等到宝宝九个月大时，母亲大概已经喂过一千次了，而且仍然用同样巧妙、恰到好处、符合宝宝需求的方式，来处理她所做的一切事情。对这个幸运的小婴儿来说，这个世界从一开始就用这种方式运作，跟他的想象力紧密地结合在一起，所以也巧妙地融入了他想象力的脉络中，如此一来，小宝宝的内心世界也因为对外面世界的感知，而更加充实了。

现在，我们再来想一下，人们所说的"真实"是什么意思。假如某个人在小婴儿时，母亲曾用寻常的好方法向他介绍这个世界，就像你为你的孩子所做的那样，那么他就会明白真实有两个层面，也可以同时感受到这两种真实存在。但有人可能没这么幸运，他的母亲可能把事情搞砸了，对那个人来说，真实只有一种：不是这种，就是另一种。对这个不幸的人来说，这个世界要么是外在的现实——人人看到的都是相同的，要么是完全出于个人的想象。而这两种人，铁定会为"何谓真实"这个议题争论不休。

所以，这多半看小婴儿和成长中的小孩，如何认识这个世界而定。一步一步地向小宝宝介绍这个世界，是一项惊人的任务，平凡的妈妈可以开始并且完成它，不是因为她像哲学家一样聪明，而是因为她深爱宝宝，愿意为他付出一切。

第十一章

把宝宝看作有想法的人

我一直在想，到底应该如何描述"小婴儿也是个人"。我们看见食物进入宝宝的身体，消化以后有些分送到全身，帮助他成长，有些储存起来成为精力，还有些则用各种方式排泄出去。这一点是很容易看得出来的，但这些都是在观察宝宝的身体，重点放在身体。假如我们观察同一个小宝宝，把重点放在他这个人上面，也很容易看到，除了身体的经验以外，还有个想象的喂奶经验，两者互为表里。

我想，你可以这么想：你为了爱小宝宝所做的一切，就像食物一样进入他的心里。这么想，你就有很多收获了。小宝宝利用这些长出了某个东西，不但如此，还经历了好几个阶段，先利用你，然后再甩掉你，就像食物一样。如果可以让他突然长大一点，我大概就能好好解释我的意思。

先来看一个十个月大的小男孩。他坐在母亲的膝上，而他的母亲正在跟我说话。他十分清醒，又精神奕奕，自然会对一些东西感兴趣。为了不让小孩干扰我们的谈话，我故意在他母亲跟我之间的桌子角落，摆了一个吸引人的物品。我们一边谈话，一边留意着他。假如他是个寻常的小孩，铁定会注意到这个吸引人的物品（假设是枚汤匙好了），还会伸手去抓它。事实上，东西一拿到手以后，他就突然变得客气起来，仿佛在想："我最好搞清楚一件事：妈妈对这个东西是什么态度。在我弄明白以前，最好还是先住手为妙。"所以，他会转身离开这枚汤匙，仿佛并没有进一步的打算。过了一会儿，他会再度对它产生兴趣，试探性地用一根手指头去碰碰汤匙。他可能会抓住它，再瞧瞧母亲，看看是否能够从她的眼神中看出一些端倪。此时，我必须告诉这位母亲该怎么办，如果不这么做，她可能会帮过头，或是出手阻止，所以，我要求她尽量不去干涉他。

宝宝逐渐从母亲的眼神中发现，她并不反对他正在做的事，所以他把汤匙抓得更牢，据为己有。不过，他还是很紧张，因为还不确定，假如他随心所欲地使用这个东西会产生什么后果，他甚至不知道自己究竟想做什么。

我们猜想，过一会儿，他可能就会发现，到底想拿它来做什么，因为他的嘴巴开始兴奋起来了。他依然很安静，也很谨慎，可是口水已经开始从他的嘴角流下来了，舌头看起来有点松垮垮的，他的嘴开始想要这枚汤匙，牙龈也想咬它。不久以后，他就把它塞进嘴巴里去。然后，他就对它产生常见的攻击感，仿佛要将它吃下似的，那是狮子、老虎以及小婴儿抓到好东西时直觉的反应。

现在，我们可以说，宝宝已经把这个东西据为己有了。他不再处在专注、疑惑和彷徨的安静状态。相反，他自信满满，深受新的斩获所鼓舞。我敢说，在想象中，他已经把它吃下去了，就像食物吞下去被消化，成为他的一部分一样，这枚汤匙也在想象中变成他的一部分，可以运用了。但是，他会如何运用呢？

答案你很清楚，因为这是家里常常发生的例子。他会把汤匙放进妈妈的嘴里去喂她，要她一起玩游戏，假装吃了它。请注意，他并不是要她真的咬，假如她真的把汤匙含进嘴巴里，他可是会吓坏的。这只是个游戏，是在练习想象力。他自己在玩，也邀请别人一起玩。他还会做什么呢？他可能会喂我，要我假装吃它，还可能作势把它推向其他人，请大家分享这个好东西。他已经拥有它了，为何不让人人都拥有它呢？反正他有东西可以慷慨地跟人分享。现在，他把汤匙放进母亲上衣里面的乳房上，然后重新发现它，把它拿出来。接着，他把它塞进吸墨纸垫下面，享受失去它再找到它的游戏。或者，他也可能注意到桌上有个碗，开始把想象中的食物舀出来，想象是在喝汤。这个经验很丰富，呼应了身体中段的那段消化过程，也就是介于食物被吞下去消失后，再从下面重新发现大小便之间的过程。我可以一直说下去，描述不同的小宝宝如何受这类游戏所鼓舞。

现在，小宝宝已经抛下汤匙。我想，他的兴趣已经转到别的东西上了。我会把它捡起来，让他再拿去。是的，他似乎还要它。他再次玩起游戏，像以前一样使用汤匙，把它当作他身上额外的一部分。哦，他又把它丢掉了！显然不是不小心弄掉的。或许，他喜欢汤匙掉到地上的声音。这点等会儿就知道了。我把汤匙再递给他。现在，他接过去就故意丢掉，他想做的就是丢掉它。我再把东西捡回来给他，这回他根本是用扔的。现在，他已经伸手去拿别的、吸引他的东西了，汤匙已经被他抛到脑后，这一幕也结束了。

我们已经看过宝宝如何对某样东西产生兴趣，并将它变成自己的一部分；我们也看着他使用它，然后跟它断绝关系。类似的情节不断在家里上演，只不过在这个特殊场景里，顺序比较明显，也让小宝宝有时间去经历一段经验。

宝宝的内心世界

然而，我们到底从观察这名小男孩当中学到了什么呢？

首先，我们见证了一个完整的经验。因为在受控制的环境里，事件有开始、中间和结束，是完整的事件。这对小宝宝来说是好的。你如果赶时间，或感到烦恼，就无法允许完整的事件发生，小宝宝的经验就比较贫瘠。假如你有充裕的时间，就可以让这些事情发生。其实，你如果真的爱小宝宝，就会有充裕的时间。事件完整地发生可以让小宝宝掌握时间感，因为刚开始，他们并不知道事情可以有始有终。

你是否看得出来，只要有了一个强烈的开始与结束的感觉，就可以好好享受（如果不好的话，则是忍受）中间部分？

让孩子有时间拥有一个完整的经验，并且有你的亲自参与，就能逐渐为孩子的能力打好基础，让他将来可以好好享受各种经验，不必提心吊胆。

其次，从观察小宝宝跟汤匙的互动，还可以得出另一个心得。那就是，我们看到，开始一场新的冒险时，他是怎样产生怀疑和犹豫的。我们看到小孩伸手触碰汤匙柄，在第一次简单的反应后，便暂时打消兴趣。然后，小心打量过母亲的反应后，才又恢复兴趣。不过，在他真的把汤匙塞进嘴巴咬以前，他还是很紧张，也毫无把握。

有新的状况出现时，要是你在场的话，宝宝是会准备征询你的意见的。所以，你必须清楚，什么东西可以让小宝宝碰触，什么东西不可以。而最简单也是最好的办法就是，请避免把小宝宝不可以拿和不可以放进口中的东西放在他身旁。你瞧，小宝宝是在尝试寻找你的行事原则，这样以后他才有办法预料什么是你允许的。再晚一点，语言就派得上用场了，你会说"太尖""太烫"，或者用某种方法指出对身体有危险；或者，你总有办法让孩子明白，因为洗东西而摘下来的结婚戒指，并不是为了要给他玩才放在那儿的。

你是否看得出来，该怎样帮助孩子，才能避免陷入什么可以碰、什么不能碰的麻烦之中？其实，你只要清楚自己禁止什么、原因何在，就可以做到这一点。总之，只要人在场就行了，预防胜于治疗。同时，你也要刻意提供孩子喜欢把玩和嚼咬的东西。

此外，我们也可以谈谈，宝宝学习伸手去拿、去寻找和抓取一样东西，以及放进嘴巴的技巧。每回看到六个月大的小宝宝做完整段表演时，我都会大吃一惊。相反，十四个月大的孩子，兴趣变化多端，很难像观察十个月大的小男婴那样，看得这么清楚。

不过，我想我们观察这个小宝宝所学到的最佳心得，应该是这一点：我们从发生的事情看到，他不只是个小男孩，还是个有想法的人。

发展出各种技巧的年龄都很值得记上一笔，不过可不是只有技巧而已，还有游戏。小宝宝通过玩游戏，展现他心中已经建立了一个我们可以称作游戏材料的东西，而玩游戏所要表达的，就是这个想象力丰富、鲜活逼真的内心世界。

这种想象生活充实了身体的经验，同时也被身体的经验所充实。谁能告诉我们，小婴儿多早就开始经历这种想象生活呢？三个月大时，小宝宝可能就想用一根手指头去触摸母亲的乳房，并在吃奶的时候，玩起了喂母亲吃东西的游戏。至于最早那几周呢？谁知道呢？在吃母乳或吸奶瓶时，小婴儿可能也想吸吮拳头或手指（所谓的鱼与熊掌兼得），这表示，他的需求可不只是纯粹要满足食欲而已。

可是，我这些话究竟是为谁而写呢？母亲从一开始就毫无困难地在宝宝身上看到了他作为人的迹象。但是，有些人却告诉你，小婴儿在六个月大以前，只有身体和反射作用。当人们这么说的时候，你可千万别上当了，好吗？

当宝宝慢慢成长流露出他身为人的独一无二的特色时，请尽情享受他在你眼前展现的种种迹象，因为宝宝需要你与他同在。所以，请做好准备，对于宝宝爱玩的兴致，请不要匆匆忙忙、大惊小怪，或是毫无耐心来回应他。最重要的是，宝宝的爱玩显示了他有自己的内心世界。假如你身上也有旗鼓相当的兴趣，当这两个兴趣碰上了，宝宝就会发展出一个丰富的内心世界，而一起玩耍将成为你们母子关系中最精彩的一部分。

·第十二章·

断奶问题

现在，你应该很了解我，也不会指望我告诉你，究竟该在什么时候，用什么方法断奶了；其实，好方法不止一种，保健人员和卫生所都可以给你一些建议。而我想从笼统的角度来谈断奶，帮助你看清楚自己到底在做什么，不管你用的是哪种方法。

说到断奶，其实大多数的母亲都毫无困难。怎么会这样呢？

主要是因为，喂奶本身进行得很顺利，所以宝宝有东西可断。毕竟，你无法教人断绝他们从来不曾拥有的东西。

我还记得小时候，有一回，大人允许我随心所欲地吃覆盆子和奶油。那是一次美妙的体验。如今，我对那个回忆的享受，远比吃覆盆子本身还要愉快。或许，你也记得某件美妙的往事？

因此，断奶的基础就是，美好的乳房经验。在正常的情况下，九个月来，小宝宝大概含着乳房，吃了一千多次的母乳，这给了他许多美好的回忆，或是做美梦的材料。不过，重点不只在这一千次，更在宝宝跟母亲相聚的方式。就像我经常提到的，母亲体贴地配合小婴儿的需求，启发了小婴儿"这个世界是好地方"的念头。这个世界来到小婴儿的面前，因此小婴儿可以去适应这个世界。是母亲一开始无微不至的体贴，换来了小宝宝的配合。

如果你也像我一样，相信小宝宝从一生下来就有想法，那么你会了解，对宝宝来说，吃奶时刻通常都很糟，例如，它经常打断安详的睡眠、清醒的沉思。很多本能的需求，往往既激烈又吓人，所以，一开始对小婴儿来说，这似乎会威胁到他的生存。饥饿来袭时，他感觉就好像被饿狼附身似的。

九个月大时，宝宝已经习惯这种事了，即使被本能的冲动支配，他也有办法忍住。宝宝甚至有能力了解，这些冲动是一个人活着的表示。

当我们看着小婴儿发展成一个人时，我们可以看到，在安静的时刻，母亲也逐渐被小婴儿当成一个人，一个正如她所表现出来那么迷人而珍贵的人。那么，在这时感到饥饿，又感到自己无情地攻击迷人的母亲，那感觉是何等糟糕呀！难怪小婴儿常常会失去胃口；难怪有些小婴儿无法承认乳房是母亲的一部分，因而把深爱的完整美丽的母亲，跟自己兴奋时所攻击的对象（乳房）区分开来。

成人心动时，会发现自己老是放不开，这造成许多痛苦，也会带来失败的婚姻。但是，在这方面和其他许多方面，未来健康的基础，还是在襁褓时有个平凡的好妈妈，不怕孩子有想法，而且在孩子拼命攻击她时还爱着他，给他完整的经验。

或许，你真的明白了，对母亲和小孩来说，为何用乳房喂奶的确是比较充实且丰富的经验。这一切也可以用奶瓶来完成，而且改用奶瓶通常反而更好，因为，对小宝宝来说，用奶瓶喝奶比较容易，也比较不刺激。不过，假如能完成乳房经验，又能成功终止，对人生来说，会是比较好的基础，这个过程提供了丰富的梦想，还让人有能力冒险。

断奶的好时机

就像俗话说的，一切美好的事物都会有结束的时候。结束也是美好的一部分。

在前一章，我谈过小孩抓住一枚汤匙的故事。他拿了汤匙，含住它，享受拥有它，把玩它，然后扔了它。所以，这个小宝宝可以浮现"结束"这个念头。

在七八个月大甚至九个月大时，小宝宝已经有能力玩丢东西的游戏了，这是很常见的现象，也是很重要的游戏，甚至很恼人，因为随时都得有人把丢掉的东西捡回来。当你从商店出来，还在大街上，你可能就发现，小宝宝已经从婴儿车内丢出一只泰迪熊、两只手套、一个枕头、三个马铃薯，还有一块肥皂。你大概还会发现，有人把东西全部捡起来了，因为小宝宝显然指望有人这么做。

到了九个月大时，小宝宝多半都很懂得丢东西，甚至还会自动断奶。

其实，这是利用小宝宝正在发展的丢东西的能力，来达到断奶的目的，在这个时机断奶才不会太突兀。

不过，小宝宝为什么要断奶，为何不继续下去呢？呃，我必须说，永远不断奶，未免太感情用事了，而且可能有点虚幻。不过，断奶的想法必须来自母亲，她必须勇敢到足以承受小宝宝的愤怒，以及随之而来的糟糕可怕念头，还要圆满完成喂奶的愉快工作。当时机成熟，断奶能大幅拓展小宝宝的经验时，原来很爱吃母奶的他也会很乐意断奶的。

在断奶时机来临时，你自然早就为宝宝介绍了别的食物，甚至已提供固体食物，比如甜面包之类的，让小宝宝咀嚼，你也会用汤或别的食物来取代一次母乳喂食。你发现，任何新的食物都可能遭到拒绝，可是等一会儿再试一次又会被接纳。你不需要突然从通通吃母奶改为完全不吃，但是，假如你（因为生病或运气不佳）必须突然改变，就要有心理准备，可能会碰上的棘手难题。

如果你知道，宝宝对断奶的反应错综复杂，自然就会避免在断奶时把宝宝交给别人带。在搬新家或者搬去跟阿姨同住时断奶，会是憾事一件。假如你能够提供稳定的场景，断奶就会成为小宝宝成长的宝贵经验。如果没办法，那么，断奶可能是麻烦的开始。

还有一点，你可能会发现，白天小宝宝已经成功断奶了，可是睡前的最后一餐，还是要吃母奶才行。你瞧，孩子在长大，可是并非随时都在向前进。你迟早会发现这一点的，因为有些时候，孩子的心理年龄若能像他的生理年龄一样大，你就很高兴了。虽然，在某些时刻，他可能会超龄；可是，偶尔他仍然是小宝宝，甚至是小婴儿，而你必须时时配合这些变化。

有时，你的大儿子已经盛装打扮，勇敢地跟敌人作战了，还会向在场的每个人发号施令。可是，当他站起来额头撞上桌子时，刹那间突然变得像个小宝宝，委屈地趴在你的大腿上哇哇大哭。你当然预料到了这一点，也知道一岁大的孩子，有时候心理年龄只有六个月大。这些都是你纯熟的育儿心得，你随时都知道孩子现在有多大。

所以，白天断奶后，晚上可能还要继续喂奶，不过，你早晚是要断得干干净净的。而且，对孩子来说，假如你清楚自己的打算，总比无法下定决心来得好。

现在我们来看看，在你勇敢地断奶时，可以预料到哪些反应。我稍早说过，小宝宝也可能自己断奶，那样一来你将不会注意到任何麻烦，但即便如此，他可能会食欲降低。

通常，断奶必须慢慢来，要在稳定的场景里进行，也不能有特殊的麻烦出现。小婴儿显然喜欢新鲜的经验。但是，我希望你不要以为在断奶时，出现反应甚至是激烈的反应，就是十分不寻常的。本来很乖巧的小宝宝，在断奶时可能会失去食欲，或是痛苦地拒绝食物，甚至用暴躁的脾气和哭闹来表达他对吃奶的渴望。在这个阶段，强迫孩子吃东西是有害的。因为，在他眼中，他暂时以为一切都变坏了，关于这一点你是无能为力的。你只能耐心等待，做好准备，等他慢慢回心转意，恢复进食。

在这期间，宝宝可能会在睡梦中尖叫着醒来，这时你只要帮助他清醒就好。或者，事情也可能进行得很顺利，当然，你还是免不了注意到孩子变得哀伤，哭声中有新的音符，或许还转变成音乐的调子。哀伤未必不好，不要认为伤心的宝宝，都必须抱过来逗到破涕为笑才行。他们心中是会有些感伤，只要你肯等待，悲伤就会结束。

断奶时，有时候小宝宝会伤心，因为环境逼出了他的愤怒，破坏了曾经拥有的美好。这时，在宝宝的梦中，乳房不再美好，他痛恨它们，乳房给他的感觉是不好，甚至是危险的。这也是为什么在童话中送上毒苹果的邪恶女人，会占有一席之地。对刚刚断奶的小婴儿来说，变坏的乳房其实是属于好妈妈的，要给他们一些时间去复原，重新调整心情。平凡的好妈妈连这一点责任都不会逃避，她在一天二十四小时中，总会有几分钟，不得不做个坏妈妈，幸好她早就习以为常了，小孩早晚会把她看成好母亲。而且，孩子终究会长大，会了解她真正的为人，知道她虽不尽理想，但也绝对不是个坏巫婆。

所以，断奶有个比较广泛的层面，那就是，不仅要让孩子改吃其他食物，或使用杯子，或灵活地运用双手吃饭，它还包含了渐进的幻灭过程，而这正是父母的任务之一。

　　平凡的好妈妈和好爸爸，并不希望受到孩子的崇拜。他们忍耐被理想化和被痛恨的两个极端，希望孩子最后会把他们看作平凡人，因为他们本来就是凡人。

· 第十三章 ·

再谈把宝宝看作有想法的人

人的发展是持续的过程，身体发育和性格发展都是如此，处理人际关系的能力也不例外。因此，错过或糟蹋了任何一个阶段，都会产生不良的后果。

所谓健康，是指"与年龄相符的成熟度"，略过某些意外的疾病不谈，这个论点放在身体上来看，显然没错；至于心理上的健康与成熟，当然也是这么回事。换句话说，假如在发展过程中没有碰到障碍或扭曲，一个人的情感就会健康发展。

假如我没说错，这表示父母对小婴儿的所有照顾，不只是为了亲子乐趣而已，也是绝对必要的；少了这些呵护，小宝宝就无法长大，也无法成为健康或有用的大人。

身体在发育时可能会出错，甚至出现驼背，而养小孩，再糟也糟不过罗圈腿。可是在心理的发展上，小宝宝要是被剥夺了某些相当平凡但却是必要的事物（比如关爱的搂抱），情感的发展注定充满波折，成长就会出现困难。反过来说，当小孩在成长中，经历了各个错综复杂的内在发展阶段，终于有了处理人际关系的能力时，父母就会明白自己的苦心养育没有白费。这对所有人来说，都是意义非凡的，我们不得不承认，要不是有人为我们的人生提供好的开始，我们是绝对不可能成为健康而成熟的成人。而这个好的开始，这个养育小孩的基础，正是我想试着描述的。

一个人的故事不是从五岁或两岁或六个月大才开始，而是从一出生就展开，甚至在出生以前就开始了，也就是说，每个小宝宝从一开始就是个人，需要有人用心来了解他。事实上，没有任何人能像孩子的母亲这么了解他。

这两段话把我们带向很远的地方，接着该如何继续呢？心理学可以告诉我们怎样做父母吗？恰恰相反，我们应该研究母亲和父亲自然就做到的某些事情，让他们知道为什么要做这些，让他们对自己充满信心。

举个例子。

先来看一对母女。母亲要抱小女儿的时候，她是怎么做的呢？是抓住她的脚，把她拖出婴儿车外，然后向上一甩？还是一手夹着香烟，一手抓着她？都不是。她的做法迥然不同。我想，她会刻意先告诉小婴儿，她要接近了，双手环绕宝宝之后才移动她；事实上，她会先取得小宝宝的合作，才将她抱起来，然后，让小宝宝趴到自己的肩膀上。接着，她是不是让小宝宝靠在自己身上，她的头依偎在自己的颈边，好让小宝宝感觉到她是个人？

再来看一对母子。她会怎样帮小男婴洗澡呢？是把他放在电动清洗机里头，让机械自动操作吗？当然不是这么回事。她知道，洗澡对她和小宝宝来说，是一段宝贵时光，她准备好好享受一番。她恰如其分地做好机械化的部分，先用手测试水温，再帮他涂上肥皂，小心翼翼地抱着他，绝对不让他从她的指缝间滑开，此外，她还把洗澡变成享受，增进了正在滋长中的母子关系，加强彼此的感情。

　　她干吗要如此大费周章呢？我们可以省掉肉麻兮兮的话，只单纯地说，这一切都是因为爱，因为她心中发展出的母爱，因为她的真心付出，所以她深刻了解孩子的需求。

母亲不厌其烦地主动调整和配合

　　再回头来谈谈，该如何抱起小婴儿。母亲不必刻意努力就做到了这件事，她用下面几个阶段，让小女婴乐于被抱起来：

　　一、先给小女婴预警；

　　二、赢得她的合作；

　　三、抱住她；

　　四、用她可以理解的简单目的，把她从一个地方带到另一个地方。

这位母亲还留心，不用冰冷的手惊吓到她的宝贝，更不会在别上围兜时刺到她。

这位母亲并不会让自己的私人经验和情感来影响小宝宝。有时候，小婴儿一直哭闹尖叫，那哭叫声让她觉得好像有人快要被杀了似的。然而，她还是同样小心翼翼地将小婴儿抱起来，毫无报复之心（就算有也不多）。她小心避免让自己的一时冲动伤害了小宝宝。其实，育儿就像行医一样，都是在考验一个人是否可靠。

这一天可能又是诸事不顺的一天。清单还没准备好，洗衣店的送货员就上门来；前门的门铃才响起，就有人来敲后门。可是，母亲会等到恢复镇定，才用同样温柔的技巧去抱小宝宝。这是小宝宝认得她很重要的一面。她的技巧具有个人风格，孩子会寻找并认出这一点，就像孩子认得她的嘴唇、眼睛、颜色和气味一样。母亲细心地处理掉自己私生活中的情绪、焦虑和兴奋，只把属于宝宝的部分保留给他。这一点为小婴儿打下健全的基础，让他有办法理解两个人之间极度错综复杂的关系。

母亲一直调整自己去配合小宝宝简单的理解能力，并主动去配合他的需求。这个主动调整，是小婴儿情感成长的根本，尤其是一开始，小宝宝只能够理解最单纯的环境，母亲必须调整自己去配合宝宝的需求。

我必须解释一下，母亲的做法为何要如此不厌其烦，而且远比我的简短描述还要大费周章。我这么描述的一个理由是，有些人真心相信甚至还教导别人说，在小婴儿出生后的头六个月生命里，母亲并不重要。（据他们说）前六个月，只有育婴技能才算数，不论在医院或家里，好的技能都能由训练有素的人代劳。

然而，我确信，为母之道虽然可以传授，甚至能从书籍中阅读得来，但带自己的小孩却是全然个人的事，这是别人无法取代也无法做得一样好的工作。科学家研究这个问题时，必须先找到证据才肯相信，但母亲们一定会好好坚持，孩子从一开始就需要她们。我还要补充一下，我这个意见并不是从母亲那儿听来的，或纯属猜测，或出自直觉，这是我经过长时间的研究之后，不得不下的结论。

母亲的不厌其烦是因为她觉得（我发现她这个感觉是正确的），假如小宝宝要发展得很好也很充实，从一开始就得要有母亲在场。可能的话，最好是生母本人，只有她才有十分深刻的动机和兴趣去体会小宝宝的感受，而且乐于让自己成为小宝宝的全世界。

我们当然不能说，几周大的小婴儿，就能像六个月大或一岁大的小孩那样认得母亲。在最初几天，他感受到的只有母亲照顾他的模式与技巧，还有她乳头的细节、耳朵的形状、笑容的神韵、呼吸的温暖和气息。小婴儿很早就在某个特殊时刻，对母亲的完整性有初步的概念。不过，除了可以感受到的部分以外，小婴儿还需要母亲持续在一旁陪伴，因为只有完整而成熟的人，才会拥有这项工作所需的爱和特色。

我曾经冒险说过这样的话："没有所谓小宝宝这回事。"我的意思是，假如你想要描述小宝宝，你会发现，自己所描述的是和某个人在一起的小宝宝。小宝宝是无法单独存在的，但他却是这种关系中不可或缺的一部分。

我们也必须考虑到这位母亲。假如她跟自己小宝宝的关系断掉的话，她会失去某个东西，永远无法重新获得。这点显示，我们多么不了解母亲的角色，竟然以为把她的小宝宝抱走几星期再还回来，她就可以从断掉的地方重新接续母子关系。

小宝宝需要怎样的母亲？

我想谈谈小宝宝需要母亲符合的三项条件。

首先，我要说，我们需要的母亲是个活生生的人。小宝宝必须能够感受她的肌肤和呼吸的温暖，可以品尝和看得到她的人，这是十分重要的，孩子需要接触得到母亲活生生的身体。若是没有母亲活生生的存在，最有学问的为母之道也是白费。医生的存在也是同样的道理，在小村庄开业的医生，最主要的价值在于他是活的，需要他的时候，随时都找得到人。村民们知道他的汽车牌照号码，认得他戴帽子的背影。当医生需要好几年的训练，这个训练可能要耗尽父亲的积蓄；可是到头来，真正重要的不是医生的学问和技巧，而是村民知道并感觉得到，他是个活生生的人，能随时找得到他。这个医生的生理存在符合了情感上的需求。母亲的存在也像医生一样，而且有过之而无不及。

于是，心理和生理的照顾，在此变得难解难分，甚至合而为一。大战期间，我跟一群人在一起讨论被战火蹂躏的欧洲儿童，以及他们的未来。这群人询问我的意见，问我战后要为这些儿童做的最重要的心理工作是什么。我的回答是："给他们食物。"有人再问我："我们不是指生理上，我们说的是心理上的。"但我仍然认为，在适当的时机供应食物，是在照顾心理的需求。说穿了，"爱"必须用生理形式来表达。

当然了，假如生理照顾是给小宝宝注射疫苗，就跟心理学没有关系，除非天花在社区中蔓延开来，否则小宝宝是无法理解你的关心的。不过，就算这样，医生这一针打下去仍然会让小婴儿痛得号啕大哭。可是，假如生理的照顾意味着，在适当的时机提供适当的食物（我是指，从小宝宝眼中看来是适当的），那么这些举动也是对心理上的照顾。这是十分有用的原则，能满足心理和情感需求的照顾，就是小宝宝能够欣赏的照顾，虽然它看起来似乎只跟生理需求有关。

从上述第一种条件来看，母亲的存活与生理上的照顾，提供了不可或缺的心理与情感环境，这对小宝宝的早期情感成长来说，是绝对必要的。

其次，母亲需要将这个世界介绍给小宝宝。从事育儿工作的人，借着他们的育儿技巧，向小宝宝引介了外在的现实、周遭的世界。这项困难的差事，一辈子都得继续奋斗，刚开始的时候则特别需要帮助。我会谨慎地解释我的意思，因为很多母亲从来不曾以这种角度来思考婴儿的喂食，医生和护士当然也很少思考喂食行为这个层面。

想象有个宝宝，他还不曾吃过奶。饥饿感出现时，他准备开始想象些什么了。出于需求，小宝宝已经准备创造一个满足自己的来源，可是，由于先前毫无经验，他不知道有什么可期待的。这个时候，假如母亲把乳房凑到宝宝预备期待什么东西的地方，又有许多时间可以让他用嘴和手，甚至用嗅觉到处感觉一下，他就会"创造"出他找得到的东西。最后，小宝宝会有个幻觉，以为真正的乳房恰好是由需求、贪婪和初次发动的原始的爱所创造出来的。因此，他会将视觉、气味和滋味牢记在心，再过一阵子，小宝宝可能会创造出某个像母亲所能提供的乳房。然后，在断奶前这一千次的哺乳机会中，小宝宝可能会让这个女人（也就是母亲），通过这种特殊方式，对外在现实做种种的介绍。在这一千次里，有种感觉会一直持续下去，那就是：想要的就会被创造出来，而且找得到。因此，小宝宝会发展出一个信念，以为这个世界含有他想要的跟他需要的一切，也才会预料在他的内在现实与外在现实之间、在他原始的创造力与众人共享的大千世界之间，有个活生生的联结。

因此，成功的哺乳是婴儿教养绝对必要的一部分。同样的，小婴儿也需要母亲好好接收他的排泄（这个主题暂时不在这里讨论），因为他需要母亲接纳他通过排泄所呈现的关系，这种关系早在小婴儿可以有意识地行动之前，和他（或许在三四个月或六个月时）出于内疚想要开始为贪婪的攻击而回报母亲之前，就已经全力进行了。

此外，小婴儿需要母亲而非一群优秀照顾者的第三种条件，我把母亲的这项工作称为幻灭／觉醒任务。当她给了小宝宝一种幻觉，以为这个世界可以从需求和想象中被创造出来（从某方面来说，这当然是不可能的，不过，把这个课题留给哲学家去研究就好），当她对人、事、物建立了我所描述的，某种可作为健康发展基础的信念之后，她就必须再带领孩子经历幻灭／觉醒的过程，这也是一种广义上的断奶。大人所能提供的最好协助是，让小孩感受到，在他承受得起全盘幻灭，以及他的创造力能通过成熟的技巧发展成社会所接受的价值之前，大人都希望尽一切可能，让小孩承受得起现实的打击。

在我看来"囚房的阴影"[1]，似乎是诗人在描述幻灭过程及其绝对必要之痛苦。母亲会逐步让小孩接受，这个世界虽然可能提供给他某种因需要和渴望而创造出来的东西，可是这不会自动做到，也不会在孩子的心情激昂或愿望兴起的

1　"囚房的阴影"（Shades of the prison-house），是十八世纪英国诗人威廉·华兹华斯的诗句。语出 *Intimations of Immortality From Recollections of Early Childhood* 一诗："Heaven lies about us in our infancy! Shades of the prison-house begin to close upon the growing boy." 大意是指人生如监狱，襁褓之时还在天堂的怀抱，长大后便慢慢走进监狱的阴影。——译注

时刻达成。

你有没有注意到，我逐渐从需求概念转换到愿望或渴望？这个转变显示了成长，以及对外在现实的接纳，同时还伴随着本能冲动的逐渐减弱。

为了小孩，母亲会暂时将自己摆在一旁。一开始，她就像把自己放在小孩的口袋里一样随身相伴，再往后，等小孩可以离开襁褓阶段的依赖时，环境就必须调整，以便他能接受两个并存的观点：母亲的和小孩的。可是，除非母亲先成为孩子的世界，否则她是无法强迫孩子离开自己（断奶、幻灭）的。

我并不是说，假如在乳房经验上失败了，小宝宝的一生就毁了。用奶瓶吃奶，宝宝还是可以长得同样健壮，只要母亲有合理的育儿技巧就行。没有母乳可喂的母亲，几乎可以在奶瓶喂奶的过程中，做到所有需要做的事。原则是，小宝宝的情感发展，一开始只能建立在他跟一个人的良好关系上，理想中，这个人应该是母亲，毕竟，还有谁能感觉到孩子的需求，并且去尽力满足他呢！

· 第十四章 ·

宝宝天生的道德感

迟早我们都得想想这个问题：到底父母应该对成长中的小孩，灌输多少自己的价值标准和道德信仰呢？说得浅白一点，我们关切的是所谓"训练"这件事。而"训练"这个字眼，让我想起我现在想谈的事情，那就是如何让你的孩子变得既乖巧又爱干净、听话、懂规矩、友善合群、有道德感，等等。我本来还想说快乐，可是快乐是教不来的。

在我看来"训练"似乎跟养狗有关。狗的确需要训练。我想，我们可以跟狗学点东西，那就是：主人如果拿定主意，狗狗就会比较开心；小孩也一样，他们喜欢你凡事都有主见。不过，狗并不需要长大成人。所以谈到小孩，我们必须另辟蹊径，最好是不提"训练"这两个字，看能够走多远。

只要育儿的环境还不错，小婴儿和幼儿自然会懂得是非善恶。这样的想法固然没错，不过，要宝宝从本能冲动和自以为有办法控制万事万物，进展到乖巧听话，这整个发展过程是十分错综复杂的。我无法告诉你有多复杂，只能说它需

101

要时间。只有当你觉得这个过程是值得的，你才可能给它机会，让该发生的事情发生。

现在，我要谈的还是小婴儿。要从婴儿的角度，来描述生命最初几个月究竟发生了什么事，实在很困难。为了让事情变得简单点，不妨先来看一个画了他生命中第五张或第六张图画的小男孩。首先，我要假装他知道这究竟是怎么回事，虽然他并不是真的知道。他在画图，他会怎么做呢？他意识到想要涂鸦和把画纸搞得一团糟的冲动，但那还算不上是一幅画。他既要保有这些原始的乐趣，又要传达自己的想法，还要用别人了解的方式来表达。假如他完成了一幅画，那表示他已经找到可以让自己满意的一套控制技巧。他会先找一张中意的图画纸，尺寸和形状都得符合他的心意，然后，他打算运用练习过的某些技巧，比如，他知道一幅画完成的时候得要平衡（像是房子的两边都要有树），这是在表达他所需要的公平，这一点大概是他从父母那儿学来的。有趣的点必须平衡，光影和色彩的设计也一样。这幅画的趣味必须遍及整张图画纸，还得要有个中心主题，把所有的东西都穿起来才行。他尝试在这个自我设定的、可以被人接受的系统中，表达一个想法，并且保持这个想法最初诞生时的新鲜感。描述这一切，几乎让我喘不过气来，可是，你的孩子却轻轻松松地就做到了，只要你给他一个机会。

当然了，我说过，这个小男孩还不懂，所以说不出这些道理。至于小婴儿，就更不懂得自己心中到底发生了什么事。

小宝宝跟这个小男孩很像，只不过起初小宝宝所表达的征兆更模糊难懂。这些图画并不是真的涂了颜色，甚至还算不上是一幅画。不过，这是他对这个社会的小小贡献，只有小宝宝的妈妈才有办法欣赏。一抹微笑、一个笨拙的手势，还是一个吸吮的声音，就道尽一切，表示他准备吃奶了。或许还有个呜咽的声音，让敏感的母亲知道，只要她行动够快，就来得及带宝宝去上大号，否则她就得处理肮脏的排泄物。这是合作与群居感的开端，值得大费一番周章。很多孩子在会走路、不必包尿布以后，还尿床好几年。那是他们在夜里重回婴儿期，有意重新经历一遍过往，因为他们想要发现并矫正以前错过的事。在这种情况下，错过的人其实是母亲，是她对宝宝的兴奋或烦恼信号的注意力不够敏锐，而这些信号本来可以让她亲自把那些不做就糟蹋了的事给做好，毕竟除了她以外，没有别人在场。

　　小宝宝需要把生理经验跟亲子关系连在一起，同样的，也需要用这种亲子关系，来解决自己的恐惧。这些恐惧的性质是原始的，它的基础是小婴儿对残酷报复的预期。小婴儿感到兴奋，脑中就兴起攻击或毁灭的冲动与念头，表现出来则变成尖叫或想咬东西，而这个世界立刻就充满了咬人的嘴巴或是充满敌意的牙齿、爪子与各种威胁。在这种情况下，要不是母亲的保护角色，把小婴儿早期生存经验的巨大恐惧隐藏起来，小宝宝的世界恐怕就会变成吓人的地方。母亲（我并没有忘记父亲）以人的身份，改变了小婴儿的恐惧性

103

质，让小婴儿渐渐认出母亲和其他人是人类。所以，小婴儿有个体贴的母亲，她会回应小婴儿的冲动。哪怕小婴儿惹她伤心或生气，她也不会报复人，不会变成小婴儿想象中那个从吓人的魔法世界里出来的人物。当我用这种方式来说明时，你立刻就能明白，这个报复力量是否变得人性化，对小婴儿来说有着天壤之别。因为，母亲懂得真正的毁灭以及意图摧毁之间的差别。她被咬的时候虽然会叫一声"哎哟"，但是这不会惹恼她。事实上，她还觉得这是恭维，是宝宝表示兴奋的爱的方式。当然了，她并不容易被吃掉。叫一声只表示，她觉得有点疼。有时小宝宝确实会咬痛乳房，特别是太早长牙齿的话。不过，母亲还好端端地活着，小宝宝也会因这个对象的存活感到心安。这段时期，你会拿硬的、有存在价值的东西给宝宝玩，像嘎嘎响的玩具，或是磨牙玩具，因为你明白，可以安心咬个够，对小宝宝来说，真是个天大的安慰。

责任感的培养过程

在生命的早期阶段，对于那些"能够因应他的需求的"或"好的"环境，小婴儿会储存在他的经验库里，逐步累积成他的自我。起初，这种累积跟小婴儿的健康功能是无法区分的。但是，当小婴儿自觉地察觉到，这个环境实在太不可靠时，"好"经验的储存就变成和意识无关的动作。

向小孩介绍整洁和道德标准（稍后还有宗教和政治信仰）的方式有两种：第一种是由父母将这种标准和信仰灌输给婴幼儿，强迫他们接受，但不尝试将它们跟孩子发展中的人格整合在一起。不幸的是，有些小孩的发展十分不理想，对这些孩子来说，就只能用这种介绍方式。

第二种方法是容许并且鼓励小婴儿的天性朝道德发展。由于母亲的敏感（这是出于母爱），小婴儿的道德感的根源才得以保存下来。我们已经看到，小婴儿何等痛恨浪费获得经验的机会，假如等待能够增进人际关系的温暖，他宁可等待，宁可忍受原始愉悦的挫折。我们也看到，母亲如何用慈爱担待小婴儿的行动和暴力感觉。在整合的过程里，攻击和摧毁的冲动以及给予和分享的冲动是相关的，而且会各自抵消对方的影响。但是，那些强制的训练则无法利用小孩的这个整合过程。

我在此所描述的，是小孩逐渐培养出责任感（其基础是罪恶感）的过程。在这个过程中，母亲或母亲角色必须持续存在，小孩才有办法适应自己性格中的毁灭部分。而且，这种毁灭性会越来越具有客体关系经验的特色。这里所指的发展阶段，大约从六个月大持续到两岁。过了这个阶段，小孩就可以较好地融合"毁灭这个客体同时又爱着这个客体"的念头。这个时期，宝宝特别需要母亲，需要她是因为她的"幸存"价值。她既是环境母亲，也是客体母亲，是宝宝兴奋时所爱的对象。他会逐渐整合母亲的这两个层面，逐渐变得有能力爱母亲，也有能力温柔亲切地对待母亲。但这个过程会让他产生叫作罪恶感的特殊的焦虑。好在小婴儿渐渐能够忍受他在本能经验的毁灭成分里所感到的焦虑（罪恶感），因为他知道，以后还有机会可以补偿和修复。

这儿所暗示的平衡，比父母所灌输的任何道德标准，有着更深刻的是非感。但是，这一切的产生全部要靠母爱所提供的可靠环境。如果母亲因为生病或有事而不得不离开小婴儿，我们会发现，小婴儿会对可靠的环境失去信心，产生罪恶感的能力也跟着消失了。

我们也可以把小孩想成是在发展一个内心的好妈妈，他觉得在人际关系中获得的任何体验，都是令人快乐的成就。当这一点发生时，母亲的敏感度就可以降低一点。同时，她也可以开始加强和充实小孩正在发展中的道德感。

此时，文明已经再次在一个新人类内心展开了，父母需要做的是预先为孩子准备好某些道德规范，稍后他就会开始追寻这些价值了。这些道德规范的功能之一，是使孩子有害的偏激品行变得人道，因为孩子非常痛恨为了顺从父母就不得不牺牲自我的生活方式。使偏激的品行变得人道固然是美事一桩，但父母千万不要完全扼杀这种偏激的品行才好。如果父母太注重安宁与安静，可能就会造成这种结果，因为孩子的顺从会获得大人的立即奖赏，而大人也会太想当然地把"乖巧顺从"误认为"成长懂事"了。

·第十五章·

本能与普通难题

说到疾病，许多演讲和书籍都容易造成误导。小孩生病时，母亲需要的是可以为宝宝看病做检查，并且能够好好跟她谈谈的医生。至于，健康儿童所遇到的常见麻烦，又是另一回事。你不能指望，健康的小孩就会一路顺遂，毫无令人忧心焦虑的情况。指出这一点，我认为对妈妈们是很有帮助的。

健康的孩童无疑也会出现各种症状。

到底是什么原因，在婴儿期和幼年初期造成这些麻烦？假设你能很娴熟而一致地呵护小孩，可以说这个社会的新成员已经圆满地打好健康的基础。那么，又是什么因素，让小孩依然出现问题呢？我想，答案主要跟婴儿的本能有关。

此刻，你的孩子可能正躺在那儿安静地睡觉，或是抱着什么东西，或是在玩耍，这是你乐见的时刻。可是你太清楚了，孩子健康的时候，总是每隔一阵子就又兴奋起来。当然，你可以用某种方式来看，说孩子饿了，身体有需求，出于本能；也可以换另一种方式来看，这个孩子开始有兴奋的念头了。在孩子的发展过程中，这些兴奋的经验扮演了非常重要的角色，既促进成长，又使成长变得复杂。

在兴奋期，孩子会有强迫性的需求，你通常都可以满足它。不过，在某些时刻，有些需求太大，大到你也无法完全满足。

有些需求，譬如饥饿，大家已经普遍了解，也就比较容易引起你的注意。至于其他种类的兴奋，则尚未得到广泛的理解。

其实，身体的任何部位在某个时刻都有可能感到兴奋。以皮肤为例，你一定见过小孩子抓脸或是其他部位，这是皮肤本身变得兴奋，因而出了某种疹子。在某些时刻，某些部位的皮肤比其他部位更容易过敏。你可以检查孩子的全身，想出让各部位变得兴奋的各种方式，当然，绝对不能遗漏性器官。这些兴奋的体验对小婴儿来说非常重要，它们是婴儿期清醒时分的重头戏，兴奋的念头会随着身体的兴奋而升起。假如我说这些念头不仅跟愉悦有关，也跟爱有关，你应该不至于太惊讶，宝宝若是发育得顺利，就会如此。小婴儿会逐渐变得有能力去爱人，也会逐渐感觉到自己是被当作人来关爱。小宝宝跟父母、跟周围的人之间，有非常强烈的情感联结，而宝宝的兴奋跟这份爱有关。至于小婴儿的身体，会以某些兴奋方式定期让他敏锐地感受到爱。

原始的爱带来的冲动所引发的念头，显然具有毁灭性，跟愤怒也有密切的关联，假如这项活动导致本能的满足，小宝宝反而会感到很舒服。

在这期间，你很容易看到，小宝宝免不了产生极大的挫折感，足以教他感到生气，甚至暴怒，但这是健康的。偶尔你看到小宝宝暴怒，并不会以为他生病了，反而会从这里学习区分愤怒和悲伤、恐惧和痛苦。发怒的时候，小婴儿的心跳快极了，假如仔细听，一分钟还可以数到二百二十下。愤怒表示，这个小孩的发展到了一定的程度，相信这世上已经有令他抓狂发怒的人与事了。

小孩只要感受到情绪高昂，就要冒点风险。这些兴奋和愤怒的经验，常常让孩子很痛苦，所以，你会发现，这个相当正常的孩子，开始想尽办法去避免最强烈的感觉。办法之一就是，压抑本能，例如，小婴儿会不让进食的兴奋达到顶点。另外一个办法则是，接受某种食物，但不接受其他种类的食物；或者可以让他人喂食，就是不让母亲喂。假如你认识的小孩足够多，就可以找到各种变化。这未必是一种病。我们看到，小孩子们运用各种技巧来应对他们无法忍受的感觉。他们不得不回避某些自然而生的感觉，因为这些感觉太强烈了，或者对它们的体验带来了痛苦的冲突。

喂食的困难在正常小孩身上十分常见，母亲必须失望地忍耐长达好几个月，甚至好几年。在这期间，小孩浪费了母亲提供食物的努力。小孩可能只吃他吃惯的东西，拒绝任何特别准备或精致的食物。有时候，母亲必须容许小孩拒绝所有食物好一阵子，要是在这种情况下勉强小孩，只会遭遇更顽强的抗拒。如果她们耐心等待，过一阵子，孩子自然就会再开始吃东西。你可以想象，在这种时期，没有经验的母亲不但忧心忡忡，还需要医生和护士来向她保证，她并没有疏忽或伤害自己的孩子。

每隔一段时期，小婴儿就会发展出各种秘密仪式（不只是喂食的）。对他们来说，这些秘密仪式是自然的，而且十分重要。其中，排泄过程特别令他们兴奋。等成长到适当的时机，身体的性器官更是如此。不过，我们虽然很容易看见小男婴性器官的勃起，却很难知道小女婴如何感受到性。

宝宝有自己的价值观

对了，你应该注意到了，小宝宝起初所认为的"好"和"肮脏"，跟你想的不一样。

在兴奋而愉快的排泄之后，排出来的东西很可能会被视为好的，甚至好到可以吃，可以涂抹婴儿床和墙壁。这听起来很讨人厌，但这是自然的过程，你不会太介意，而是会安心地等待他们自然地转向更文明的情趣。日后，他们会对排泄物感到厌恶，这个转变甚至会来得十分突然。一个爱吃肥皂和喝洗澡水的小孩，突然变得有洁癖，不吃任何看起来像大便的食物，不过是几天前，那还是他拿着塞进嘴巴的东西。

有时候，我们会看到年纪较大的儿童退回到婴儿状态，那时我们知道，某个难题阻碍了他们的成长之路，他们需要回到婴儿期的领域，才能重建他们在婴儿时所拥有的权利和自然发展的法则。

母亲会目睹这些事情发生。身为母亲，她们也在里面扮演了一个角色。她们宁可让事情稳定而自然地发展，也不要强迫小孩接受自己的是非观念。

灌输小婴儿是非模式会产生的麻烦是，婴儿的本能会随之而起，结果又破坏了这一切。兴奋的经验破坏了小宝宝用乖巧听话赢得爱的努力。最后，小宝宝只会对本能的运作感到生气，而不是觉得自我力量有所加强。

正常的小孩不会过度压抑强烈的本能感觉，所以容易造成自己的骚动不安。这些表现在无知的观察者眼中很像不良症状。我曾经提过愤怒，就像无缘无故乱发脾气和顽抗到底，这在两三岁时都很常见。还有，小孩经常做噩梦，午夜的尖叫甚至会让邻居怀疑你究竟在干什么，其实不过是小孩做了个跟性有关的梦。

幼儿不一定生病了才会怕狗、怕医生和怕黑，或是对声音、阴影以及晨昏时刻模糊的形状充满丰富的想象力；他们不一定生病了才容易腹痛或呕吐，或者在对某件事感到兴奋的时候，整个人发青发紫；他们不一定生病了才会有一两个礼拜的时间不理会原本喜爱的爸爸，或者拒绝跟某个阿姨打招呼；他们不一定生病了想要把刚出生的妹妹丢进垃坂箱，或是为了避免痛恨新来的小婴儿，残忍地把气出在小猫咪身上。

你一定知道，干净的小孩变得脏兮兮或干爽的小孩变得湿漉漉的各种方式，也知道两岁到五岁，几乎什么事都可能在小孩身上发生。你可以把这一切通通归为本能的作用和本能的美妙感觉，以及小孩的想象力所引发的痛苦冲突（所有发生在身体上的事都跟意念有关）。让我对这段关键年龄再做一点补充，这段时期本能已经不再仅限于婴儿期的表现方式了，如果还局限于襁褓期的用语，像"贪婪"和"肮脏"，就无法说清楚这期间成长的真相。当健康的三岁小孩说"我爱你"的时候，其意义就像男女间的情爱或恋爱一样。这里面甚至含有性意涵的普通意思，既涉及身体的性器官，也包括青少年或成年人恋爱时的意念。巨大的成长力量隐隐然在运作着。你所需要做的，就是把家庭照顾好，做好心理准备，知道凡事都有可能发生就好。假以时日，你可以松一口气。等孩子长到五六岁时，成长的动乱会慢慢安定下来。青春期来临以前，你可以轻松过几年好日子。在这期间，你可以把部分的责任和工作，交给学校以及训练有素的教师。

· 第十六章 ·

幼儿和其他人的关系

小婴儿的情感发展，从一出生就开始了。假如我们要评断一个人是如何跟其他人互动，他的人格和人生是如何形成的，就不能不考虑在他这辈子最初几年、几个月甚至几天，所发生的事情。在处理大人的问题时，比如婚姻，需要面对的当然多半是后来的发展。不过，在研究个人时，我们会在发现过去时，也发现了现在，发现婴儿时，也发现大人。被称为"性"的那些情感和想法，在很小的年纪就出现，远比老一辈所想的还早，甚至是在生命一开始的所有人际关系范畴里。

我们来看看，健全的小孩玩过家家，扮演父亲和母亲时发生了什么事。一方面，我们很确定，性会进入游戏，虽然通常不是直接呈现，但确实可以侦测到成年人性行为的许多象征。不过，此刻我关心的并不是这一点。从我们的观点看来，更重要的是，这些孩子在游戏中享受他们认同父母的能力，为此，他们显然做了不少观察。我们在游戏中看到，他们建立了一个家庭，料理了家务，还共同担负起照顾小孩的责任，甚至维持了一个体制，让身在游戏里的小孩，探索自己的自发性（Spontaneity）[1]（因为假如完全任由小孩自由发挥，他们可能会被自己的冲动吓到）。我们知道，这是健康的。假如孩子可以这样一起玩耍，以后就不必教导他们如何建立家庭，因为他们已经知道什么是不可或缺的部分了。换句话说，假如孩子小时候从来不曾玩过过家家，是否有可能在他们长大后教他们建立家庭呢？我想大概不行。

我们虽然很高兴看到小孩有能力享受游戏，这表示他们有能力认同这个家和父母，认同成熟的外表与一点责任感，可是我们并不希望孩子整天只玩这些。没错，要是他们只玩这些，那可就是一种警讯了。我们期待，在下午玩这个游戏的小孩，到下午茶时间会变成贪吃的小孩，到睡觉时间又变成互相吃醋的小孩，第二天早上又变成调皮不听话的小孩，他们仍然是孩子。还算幸运的是，他们真正的家还存在。在真正的家里，他们可以继续探寻自己的自发性和个性，可以随性地放任自己，好比说故事一样，越说越起劲，连自己都没料到这些精彩的点子到底是打哪儿来的。在真实人生里，孩子们会使用自己的真实父母，在游戏里，他们则轮流扮演父母。我们欢迎这种玩过家家的游戏，也乐见其他扮演师生、

1　Spontaneity 一词在中文有随性、自发性、偶发性等译法，意思是指人很自在地出现某些行为。——译注

医生护士和病人、司机和乘客的游戏出现。

看得出来，这些都是健康的。等小孩成长到玩游戏的阶段，我们明白，他们已经经历许多复杂的发展过程，当然，这些过程从来不曾真正地完成。假如小孩需要可以认同的平凡、甜蜜的家庭，那么在发育的初期，他们也非常需要稳定的家庭和可靠的情感环境，有机会用自己的步调，在家里稳定而自然地进步。对了，父母并不需要知道小孩心里的所有事情，就像父母也不需要知道所有的解剖学和生理学知识，就能给孩子生理上的健康。父母必须要有想象力，能够理解父母的爱不仅是他们内心的自然本能，还是孩子在他们身上绝对需要的东西。

为宝宝的心理打下健康基础

假如有个母亲，即便是出于好意，认为小婴儿一开始只是一堆生理学、解剖学和条件反射意义上的组合，那么她是绝对照顾不好小婴儿的。的确，小宝宝会被喂得很好，生理健康和成长也没有问题，可是，除非母亲可以把新生儿看成有思想情感的人，否则他的心理健康就没有打下健全、稳固的基础的机会，在往后的人生中，也无法拥有丰富稳定的人格来适应这个世界，并成为世界的一分子。

麻烦出在，有的母亲害怕自己肩上的责任太重大，一下子就逃到教科书、法则及规定里去。其实，只有用心才照顾得好小婴儿。或是说，只有头脑是不够的，要投入情感才能做得好。

供应食物虽然只是母亲让小婴儿认识她的方法之一，却是很重要的一种。我在前面提到，小孩如果从生命之初就能得到小心翼翼的哺乳和无微不至的照顾，那就已经超越任何可以回答这个哲学难题——那东西真的在那里吗？还是，那只是出于你的想象？——的答案了。无论这个东西是真的还是想象的，对他来说都无所谓了，因为他已经找到愿意提供给他幻觉的母亲，她从不间断的长期供应，为小孩拉近了个人想象与真实之间的鸿沟，而且近到不能再近了。

就这样，小孩在约略九个月大时，就可以和自己以外的事物建立良好的关系。这事物他日后认得是母亲，这关系足以经得起所有挫折和复杂纠葛甚至是分离。至于那个被机械式和无情感喂养的小孩，因为没有人会主动配合他的需求，他的处境就极为不利。假如这样的小宝宝，还可以想象一个慈爱的母亲，这个想象中的母亲顶多也只是想象中的理想人物罢了。

我们随便就可以找到这样的母亲，她们无法活在小婴儿的世界里，以至小婴儿必须活在母亲的世界里。在肤浅的观察者眼中，这样的小孩可能有很好的进展。一直要到青春期，甚至更晚，这孩子才会做出适当的抗议来，那时他要么是崩溃了，要么就是心理健康出了问题。

相反，主动而丰富地配合小宝宝的母亲，她的小宝宝会有一个跟世界接触的基础，她还让宝宝跟世界有很丰富的关系。当成熟随着时间来到时，这种关系就可以不断发展和开花结果。小宝宝跟母亲这种最初的关系中有个重要的部分，那就是其中所包含的强而有力的本能驱力。在本能需求里，小宝宝与母亲经受住考验而幸存下来的经历，教导了小宝宝，本能的经验和兴奋的想法是被允许的，未必会摧毁安静形态的关系、友谊与分享。

不过，我们不能因此就下结论说，每个受到慈母小心翼翼哺喂和照顾的小宝宝，必然会发展出绝对健康的心理。早期经验就算很美好，这些从经验里所获得的一切，也必须在时间的长流中缓慢沉淀，才能聚积为日后健全的发展。我们不可妄下结论说，每个在养育单位长大的小宝宝，或被一个毫无想象力、太害怕信任自己判断力的母亲带大的小宝宝，就注定要进精神病院或少年感化院。事情并没有这么简单。我只是为了说得清楚一点，才故意把问题简化了。

我们看到，在令人满意的环境下出生的健康小孩，也就是身在母亲从一开始就把他当作一个人来对待的环境，他不只乖巧善良，而且是听话的。正常的小孩，从人生一开始，就有自己的看法。健康的小宝宝，通常都有相当麻烦的喂食难题。在排泄上，他们可能会顽抗任性。他们也经常抗议和激烈尖叫，甚至会踢母亲、扯她的头发，或是尝试把她的眼球挖出来，事实上，他们是讨厌精。不过，他们又会呈现出自然而真诚的情感冲动，不时这里拥抱一下，那里慷慨一下。经历这些事情时，这类小孩的母亲发现自己也得到了报偿。

不知怎么的，教科书似乎喜欢乖巧、听话、干净的小孩，可是这些品德只有当小孩随着时间成长，开始有能力认同家庭生活里的父母，而且是自然发展出来时才会有价值。我在前面的章节曾提过，这很像小孩艺术行径的自然进展。

近来，舆论常常谈到所谓"适应不良"的小孩。小孩之所以这样，其实是这个世界，在他生命之初和早期阶段，没有无微不至地配合他的结果。小婴儿如果太乖巧听话，其实不是一件好事。这表示，父母为了图一时的方便，必须付出高昂的代价，而这个代价将要一付再付。如果父母受得了，就由他们来付；受不了，就要由社会来承担。

不可或缺的自然发展经验

我还想提一个准妈妈会关心的问题，是母子关系刚开始常见的难题。在小孩出生后的头几天里，医生是个重要人士，他不但要对一切负责，也是母亲所信赖的人。在这个时刻，没有什么事比让母亲好好认识医生及护士更重要的了。不幸的是，我们并不容易看到，在生理健康和疾病以及接生方面非常能干的医生，也同样了解小宝宝与母亲之间的情感联结。医生要学的事太多了，我们不能期望他既是生理方面的专家，又知道最新的与母亲与宝宝相关的心理学。再优秀的医生或护士，总是有可能在无意间干扰了母亲与小宝宝最初的微妙接触。

母亲的确需要医生和护士与他们的专长，他们所提供的医疗环境，使她得以把烦恼抛到脑后。不过，在这个环境之内，她需要找得到小婴儿，也要让小婴儿找得到她。她需要让这一切自然发生，而不必遵守书中的任何规则。说到育儿，母亲们不必客气，因为你们才是专家，医生和护士只要从旁协助就好。

然而，现在我们可以观察到一个普遍的文化倾向，那就是远离直接接触，远离临床体验，远离所谓的粗俗，也就是裸露、自然和真实，还有，远离真实生活的接触和相互交换的倾向。

为小婴儿一生的情感生活打下基础的方式，还有另外一种。我说过，从一开始，本能的需求就进入婴儿与母亲的关系里，而随着强烈本能出现的是攻击成分，以及从挫折中升起的恨意与愤怒。在兴奋的爱的冲动里面所蕴含的以及相关的攻击成分，会让生命感受到威胁，因此大部分人多少都有点压抑。所以，更仔细地关注这部分问题，可能会有些帮助。

我敢说，最原始的也是最初的冲动，感觉上是相当冷酷无情的。若说在早期的进食冲动中有毁灭的成分，那是因为小婴儿起初是不顾一切的。我谈的当然是意念，而不只是我们看得到的真正的生理过程。起初，小婴儿被需求冲昏头，然后，才以十分缓慢的速度渐渐领悟，在兴奋的吃奶经验中受到攻击的是母亲非常脆弱的部分，而母亲却是他在兴奋与狂欢之间的安静时期相当重要的一个人。在幻想中，兴奋的小婴儿粗暴地攻击母亲的身体，即使我们看到的攻击其实是很轻微的；然后，满足随着吃奶的经验而来，这时，攻击暂停。幻想丰富了婴儿的每个生理过程，并随着婴儿的成长而稳定地变得明确而复杂。在小宝宝的幻想中，母亲的身体会被撕开，如此他才能取得并吸收到好东西。因此，有个母亲可以持续照顾他一段时间，并且在他的攻击下幸存，最后还成为温柔情感和罪恶感所投注的对象，假以时日，他甚至还可以关切起她的福祉，这一点对宝宝来说，实在非常重要。母亲持续活在宝宝的生命中，宝宝才有办法找到其内在天生的罪恶感。这是唯一有价值的罪恶感，也是以后想去补偿、重新创造与付出等这些强烈欲望的主要来源。从无情的爱到侵略性的攻击，到罪恶感，到关切，到悲伤，再到想要弥补、修复与付出等欲望之间，有个自然的发展顺序。这个发展过程是婴儿期和童年初期不可或缺的经验。但是，除非有个母亲或是代替她职务的人，可以跟小婴儿一起经历这些阶段，使上述各种成分得以整合，否则这个经验是无法真正拥有的。

还有另外一个方法，可以述说平凡的好母亲为小婴儿所做的某些事。一般的好父母时时都在帮助小孩，区分真实发生的事与想象中的事，他们不自觉地做着这些事，从不觉得有什么困难。母亲帮小婴儿从丰富的幻想中挑出真实，我们可以说，她是在保持客观。在攻击这件事上头，这一点尤其重要。母亲会保护自己，不被小婴儿咬伤，也会避免让两岁大的小孩，拿东西戳新生儿的头部，可是，她同时又从行为还算规矩的小孩身上，看出具有强大毁灭性质及攻击力道的念头，只是她不会被这些念头吓坏。她知道，这些念头必然存在。当它们逐渐在孩子的游戏和梦中出现时，她不会惊讶，甚至还会主动提供跟小孩心中自然浮现的主题相关的故事和图书。她不但不会试图去阻止小孩产生这些摧毁性的念头，还会让小孩天生的罪恶感得以自由发展。我们希望当小婴儿发育成长时，天生的罪恶感会自然出现，这是我们愿意等待的；毕竟，强行灌输道德观念，只会让人生厌。

升格做母亲或父亲的时候，绝对是我们自我牺牲的时候。平凡的好妈妈不用别人提醒，就懂得在这期间，绝对不可以让任何事情打断小孩与她之间的关系。然而，这个妈妈是否知道，当她自然而然地这么做时，她就是在为自己的孩子奠定心理健康的基础，而且，要不是她一开始就如此费心，小孩也无法发展出健康的心理？

第二部分

家
庭

每个小孩都有权利拥有自己的小小地盘，也有权利每天占据母亲的（还有父亲的）一点时间。这是他理当得到的，而且在这小小时空内，你是在进入他的世界。

·第十七章·

父亲该做什么？

许多母亲来找我讨论这个问题："父亲该做什么？"我想大家都很清楚，在正常的情况下，父亲能不能认识小宝宝，全看母亲怎么做。父亲难以参与育婴工作的理由很多，其中最主要的就是，小宝宝醒的时候，他多半都不在家。就算父亲在家，母亲也有点不知所措，不知何时该请丈夫帮忙，何时又该叫他别碍事。在父亲回家以前，母亲先把小宝宝送上床，通常比较简单，因为这就像先洗好衣服、把饭菜煮好，是一样的道理。不过，母亲们也多半会同意，天天分享育婴经验，可以增进夫妻感情，即使那些细节在外人看来有些愚蠢可笑，但在当时对父母和小婴儿来说，却十分重要。从小婴儿长到蹒跚学步的幼儿，再到大一点的小孩，其中的细节会越来越丰富，而有了这些点点滴滴，父母的感情也会更加深刻。

我知道，有些父亲刚开始面对小宝宝，会非常害羞，甚至也有些人永远都无法对小婴儿产生兴趣；无论如何，母亲都可以请丈夫帮点小忙，或是当丈夫有空时，安排他在一旁观看小宝宝洗澡。假如他愿意的话，甚至可以让他动手帮忙。就像我先前说的，全看母亲怎么做。

我们不能想当然地认为，早点请父亲加入一定是件好事。毕竟，人各有异。有些男人觉得自己比妻子更适合做母亲，但这种人可能很讨人厌。他们会随随便便就跳进来，当半小时耐心十足的"母亲"，然后又率性地走了，完全忽略当母亲得要一天二十四小时、一年三百六十五天才行，这种父亲当然特别令人讨厌。另外，还有些父亲或许真的比妻子更适合当妈妈，不过，因为客观因素，他们仍然不能父兼母职，所以还是必须找个办法解决难题，而不是让母亲淡出育婴场景。还好，母亲通常都知道如何胜任母职，她们可以等丈夫想帮忙时，再让他加入就好。

假如我们回到一开始，就能看得出来，小婴儿第一个认识的人是母亲。小婴儿早晚会认出母亲的某些特质，而这些或温柔或甜美的特质，也总让我们想起母亲。不过，母亲也有各式各样的严肃特质，例如，可能很严格、很严厉、一板一眼的。小宝宝一旦接受他无法想吃奶就有的事实后，就会非常珍惜母亲的准时喂奶。我敢说，小婴儿的心中会逐渐累积某些跟母亲没有绝对关系的特质，而这些特质最后会成为小婴儿对父亲的感觉。实实在在有个可以敬爱的强壮父亲，要大大好过把母亲立下规矩、决定可否、死板又不肯变通那些特质通通都堆在父亲身上。

所以，在父亲以父亲的角色进入小孩的生命时，他同时接收了小婴儿对母亲某些特质的感情。而这样的接手，会让母亲大大松一口气。

父亲角色的重要性

我来试着分辨一下父亲角色的几种不同价值。我想说的第一点是，父亲需要在家，他在家能让母亲感觉身体健康、心灵快乐。小孩子对父母之间的关系其实是非常敏感的。或许该这么说，假如家庭生活幸福美满，最先察觉到的人会是小孩，他会因此活得更轻松、更满足，也更容易养育，他是以此来表达他的感激。

父母的性结合提供了坚固的事实，让小孩可以围绕着这个事实来建立幻想，这就好像是一块小孩可以依靠又可以踢一踢的磐石。再者，这个事实也提供部分的自然基础，成为家庭三角关系的个人解答。

第二点是我在前面提过的，父亲必须做母亲的道德支柱，为她的权威撑腰，并成为律则与秩序的代言人，而律则与秩序向来是母亲努力在小孩的生活中培养的。他并不需要随时在场来做这件事，可是他必须常常出现，让孩子感受到他是真实存在的。小孩的生活多半都是由母亲一手打理的，如果父亲不在家，小孩也会乐见母亲有能力掌管家庭。当然，每个女人都得要能够在言行上展现权威；可是，要她一肩挑起一切，同时扮演严肃的黑脸与慈爱的白脸，那么她的负担也未免太重了。此外，小孩最好还是双亲都在比较好，其中一个可以尽情发挥慈爱，另一个则可以成为孩子痛恨的对象。这一点是有稳定作用的。有时，看到小孩对母亲又踢又打，会让人忍不住猜想，假如有丈夫做后盾的话，小孩很可能想踢却又不敢踢的对象其实是父亲。何况，每隔一阵子，小孩就会痛恨某个人，假如没有父亲在场来制止他，孩子就会痛恨母亲，但这又会教他困惑不解，因为小孩最爱的人正是母亲。

我要说的第三点是，小孩需要父亲的正面特质、他跟别的男人不同之处，以及他鲜活的性格。可能的话，在生命初期，当小孩对人间万物的印象特别鲜活时，这就是小孩认识父亲的最佳时机。当然，我并不是要父亲们去强迫孩子接受他们和他们的人格。有些宝宝在几个月大时，就会转头寻找父亲，每当父亲进屋时，就向他伸出小手，并留意他的脚步声。不过，也有的小孩会对父亲感到厌烦，慢慢才让父亲成为他生命中的重要人士。有的小孩会想要了解父亲的为人，有的则把父亲当成梦里的对象，以至根本不认识父亲在他人眼中的实际模样。不过，假如父亲就在身边，也愿意了解自己的小孩，这个小孩就很幸运。而且最快乐的是，父亲会大大充实他的世界。有父母共同承担养育小孩的重责大任，这就是一个美满的家庭。

父亲可以充实孩子生命的方式太多了，几乎不可能尽数。比如，当孩子注视父亲时，至少有一部分是根据自己所看到的或是以为自己看到的来塑造理想的父亲形象的。当父亲逐渐透露早出晚归的工作状态的性质时，孩子会感受到，仿佛有个崭新的世界向他展开。

在小孩的游戏里，有个"妈妈跟爸爸"的游戏，内容正如你所熟悉的，爸爸早上会去上班，妈妈在家做家务事，照顾小孩。小孩对此很熟悉，因为它们总是在小孩的身边发生，而父亲的工作（不是他下班后的嗜好），则会拓宽孩子的眼界。工匠爸爸的小孩最快乐了，因为他在家时总会让孩子瞧瞧他的手艺，教小孩一起做些漂亮又实用的东西。有时，父亲参与孩子的游戏时，总能带进一些可以融入游戏、珍贵的新素材。此外，父亲对这个世界的知识，让他知道某些玩具或设备对孩子的游戏既有帮助，又不会阻碍小孩的想象力自然发展。可惜，有的父亲虽然是为儿子买玩具，但却自顾自地玩了起来，甚至还因为太过珍惜，怕小孩弄坏玩具而不让他玩。这种父亲就是玩游戏玩过了头。

与父亲互动是十分有价值的经验

父亲可以为小孩做的最重要的事情，就是好好地活着，而且是在孩子幼年时期持续地活着。不过，人们很容易忘记这个简单举动的价值。孩子把父亲偶像化是很自然的事，而真跟父亲一起生活，认识他们的为人，甚至将他们找出来，则是十分有价值的经验。我认得的一对小兄妹认为，他们曾经在战争中有过一段美好的时光，当时父亲在陆军服役，他们独自跟母亲住在美丽的花园洋房里，拥有生活所需的一切，甚至还远超过所需。然而，有时他们却身不由己地陷入一种有组织的反社会状态，简直要把房子拆了。如今回想起来，他们才明白，这些定期的发作是想逼父亲现身，只是当时他们并不了解。那时，母亲在丈夫的信件支持下，设法帮助孩子度过这段日子。你可以想象，那位母亲有多渴望丈夫能回家来陪她，好让她偶尔休息一下，由他负责去叫孩子上床睡觉。

再来看另外一个极端的例子：有一个小女孩，她的父亲在她出生前就过世了。这个悲剧是，她心中只有一个理想化的父亲形象，可以充当她认识其他男人的基础。她没有父亲，因此从来没有过父亲令她失望的经验，这一生她总是把男人想象成完美无缺，起初这个影响会激发出这些男人最好的一面。可是，难以避免的是，她所认识的每个男人，迟早都会露出缺点，接着，她就会陷入绝望，不断抱怨。可想而知，这个情感模式毁了她一辈子。假如童年时她父亲还活着，她就可以发现，父亲即使再完美，也会有缺点。又假如在父亲令她失望并为其所痛恨之后，仍然还活着的话，如今的她不知道会有多么快乐。

大家都知道，父女之情有时格外重要。事实上，每个小女儿都梦想过要取代母亲的位置，至少做过浪漫的梦。当这种情感发生时，母亲必须尽量去体谅。有些母亲发现，忍受父子情谊比父女情深容易多了。不过，假如父女之间的亲情，受到嫉妒和敌对的感情干扰，因而无法自然发展的话，那就太可惜了；因为小女孩迟早会了解这种浪漫眷恋所带来的挫折，她终究会长大，并向外寻求合乎想象又比较实际的结果。假如父母感情融洽，父亲与子女的深厚亲情，是不会威胁到母亲的。女孩的兄弟在这事上帮了大忙，因为，他们提供了一块踏脚石，让姐妹的情感可以从父亲和叔伯，转移到一般男人身上。

　　大家也都知道，有时父子会处在争夺母亲的敌对状态。不过，假如父母感情和乐的话，这个问题应该不会引发焦虑，当然也不会干扰到双亲稳固的情感关系。只是，小男孩的情感最为激烈，父母应该要认真对待。

　　我们都听说过，有些小孩在孩提时代从来不曾单独跟父亲相处一整天，甚至连半天都没有。在我看来，这是很悲惨的。我得说，母亲偶尔得把父女或父子送出门，来一趟探险之旅，这是做母亲的责任。这个做法必然会得到父亲与子女的感激，有的人还会一辈子珍惜这些经验。不过，要母亲送小女儿和父亲出门并不容易，因为她也很想单独跟他出去；当然，母亲应该单独跟父亲出去，否则她内心不但会愤愤不平，甚至还有可能跟她的丈夫疏远。假如她可以偶尔打发父亲跟所有的孩子或至少其中一个出游的话，这将会增加她为人母和为人妻的价值。

所以，假如你的丈夫在家的话，你会轻而易举地发现，费心帮助他跟孩子互相了解，是绝对值得的。虽然，你无法决定他们的关系能否变得充实，因为那全看父亲和孩子本身，但是，你绝对有能力让这样的关系变成可能，当然，也有能力让它变得不可能，甚至破坏它。

第十八章

宝宝的标准跟你的标准

我想，人人都有自己的理想跟标准。每个建立家庭的人，对于家的模样、色调、家具以及餐桌究竟该如何摆设，都有一套想法。大部分人都知道，成家时要挑哪种房子，究竟要住在城市还是乡村，或是哪种电影值得一看。

我相信你结婚时，心里一定会想："现在，我终于可以过我想过的日子了。"

一个正在扩充字汇量的五岁小女孩听到别人说："小狗照自己的意愿回家去了。"她就学会了这个说法。第二天，她对我说："今天是我的生日，所以一切都要照我的意愿做。"好啦，套句这个小女孩的话，你结婚时，心里也会想："现在，我终于可以照我的意愿过活了。"请注意，我不是说你当家做主一定比婆婆好，但这毕竟是按照你的心意来持家，差别就在这里。

假设你有了自己的房子，你会马上动手按照自己的喜好去布置装潢，并在装上新窗帘后，邀请亲朋好友来参观。这整件事的重点是，你打造了一个局面，可以在家里表达自己的好恶，连你都没料到自己居然可以做得这么好。显然你这辈子一直都在为当家做主这件事做准备。

假如在装潢新家初期，你没有为了芝麻绿豆小事跟丈夫争吵，那就算很走运了。好笑的是，你们的争论几乎总是跟哪个"好"哪个"不好"有关，但真正的麻烦其实是像那个小女孩所说的，意见冲突时，到底要按照谁的意愿来做才是关键。假如这块地毯是你买的或挑选的，或是减价时捡便宜抢到手的，那就是好的；但是在你丈夫看来，是他挑选的就是好的。可是，你们怎么才能同时觉得那是自己挑选的呢？幸好相爱的人总是有一定程度的共同喜好，隔一阵子就相安无事；解决问题的另一个办法靠默契，而且还不必真的说出口，那就是：妻子用自己的方法来持家，丈夫则在工作上顺了自己的意。人人都知道，在英国，家是妻子的城堡。在家里，男人乐见妻子掌管大权，把这个家当作她的地盘。可惜，男人在工作上的权限，通常还没有妻子在家里的地位高。更何况男人很少认同自己的工作，这种情况在技工、小本生意的老板等小人物身上尤其明显。

我说了这一大篇道理，是为了让你明白，小宝宝要想顺自己的心意，有多困难。偏偏，宝宝又多半是一意孤行的，所以，他会坏了妈妈的计划，这下子可就麻烦了。因为，这个计划是年轻母亲按照自己的心意做事后，才刚刚找到的独立意识，以及刚刚赢得的尊敬。有些女人宁可不要小孩，也不能让孩子坏了自己的好事，这是因为婚姻是在多年的等待和计划之后好不容易才得来的，假如结婚无法让她们建立自己的地盘，对她们来说，婚姻的价值就大打折扣了。

假定有个年轻妻子刚开始持家，并以此为傲，同时也才发现，掌控自己的命运是什么模样；那么，当她有了小孩时，会发生什么事呢？我想怀孕之初，她可能还没有想到，小婴儿会威胁到她刚刚获得的独立生活，毕竟那时她要操心的事实在很多。况且，光是想到即将生小孩就令她感到兴奋有趣，备受鼓舞。总之，她可能以为小婴儿可以符合她的计划，也可以在她的影响力范围内享受成长的过程。到目前为止，一切都很顺利，她认为小婴儿会接受家庭的文化和教养的想法也没有错。不过，对此我要说的话还很多，而且是很重要的。

几乎从一开始，小宝宝就有自己的想法；假如你有十个小孩，就可以从他们身上发现，虽然是同一个家养大的，却没两个是一模一样的。而且，十个小孩会从你身上看到十个不同的妈妈，有的小孩会把你看作既美丽又有爱心的母亲，可是在某些时刻，当光线不对，或者你在晚上进他的房间时，他又正好做了一个噩梦，他就会把你看作恶龙或女巫，或是别的既可怕又危险的东西。

孩子带着他的世界观而来

每个小孩诞生时，都带着他自己的世界观，还有控制自己小小世界的需求，因此每个小孩对你的地盘和你小心翼翼建立又费心维持的秩序来说，都是个不小的威胁。我知道你有多珍惜自己能当家做主，老实说我也替你感到难过。

我想想看能不能帮上你。在这种情况下出现的困难，其实是以下这个事实造成的：你认为，你之所以喜欢自己的做法，是因为这做法不但是正确的、合宜的、恰当的、最棒的，还是最聪明的、最安全的、最快的、最经济的，等等。你一定常常如此合理化自己的想法。说到关于这个世界的技巧和知识，小孩根本不是你的对手。不过，你喜欢、信任你的做法并不是因为它最好，纯粹因为它是你的，那才是你想要掌控全局的真正原因。而这又有何不可呢？屋子是你的，这甚至是你结婚的原因之一。只有掌控全局，你才有安全感。

是的，你有权利要求家人遵守你的规矩，按照你的习惯摆放餐具，饭前先祷告，不准说脏话；不过，你的权利基础在于，这是你的家，你可以坚持你的做法，而不是因为你的做法最好，虽然它的确有可能是最好的。

你的小孩可能会期待你知道自己想要什么、相信什么，他们也会受到你的影响，并多少以你的标准为自己的基础。然而重点是，孩子也有自己的信仰和理想，也想按照自己的心意寻求秩序，关于这一点，想必你也同意我的看法。孩子并不会喜欢永无止境的混乱或永远的自私。你是否看得出来，假如你太在乎要在家里施展自己的权利，因而无法让小婴儿和小孩发展他与生俱来的倾向，在他的周围、按照他自己的是非对错去创造一个小小世界的话，结果必然会伤害他？假如你对自己有足够的信心，我想你一定也想看看，你可以让小孩在你的势力范围内，按照他们自己的需求、计划和想法支配这个场面到什么地步。"今天是我的生日，所以一切都要按照我的意愿来做。"当小女孩这么说时，并未造成混乱。这一天跟其他日子并没有太大不同，唯一的差别只在于，它是由小孩而非母亲、护士或老师来做主安排的。

"掌控"这件事当然是母亲在小婴儿的生命之初经常做的事。她无法全然顺从小婴儿的意思，只能定期供应母乳，这已经算是不错的了。母亲也常常成功地带给宝宝一个短暂的幻觉，在幻觉里，宝宝还不必承认梦中的乳房无法满足他这个事实。然而，无论这个梦何等美妙，梦中的乳房也无法将他喂胖。宝宝会发现，好的乳房还是必须长在母亲身上才行，而且这个母亲对他来说，还要是外在的，独立于他之外才行。对宝宝来说，光是有想要吃奶的念头还不够，母亲也必须要有想喂奶的想法。要承认这一点，对小孩来说，是很困难的，而母亲可以保护小婴儿，不要太早或太突然让他感到幻灭。

起初，大家也都觉得小宝宝很重要。他若是要食物或因不舒服而哭泣，大家都会顺他的意，直到他的需求得到满足；他得到许可，可以尽可能任性，想弄脏尿布就弄脏，完全不需要理由。在小婴儿眼中，母亲突然变得严格，反倒是很奇怪的。有时候，母亲只是被邻居吓到了，所以变得严格，开始所谓的"训练"，在小婴儿遵守她的整洁标准前，绝对不放松。母亲以为，假如小宝宝放弃希望，不再维持珍贵的自发性和任性，她就算做得很好了。其实，太早和太严格训练整洁的习惯，只会适得其反。一个在六个月大就干干净净的小婴儿，一旦变得大胆对抗或强迫性地弄脏尿布，反而很难将他重新训练好。幸好，在许多实例里，小孩都找到了出口，也没有全然放弃希望；他们的自发性只是隐藏在症状里头，比如尿床（身为一个不用清洗和晒干床单的旁观者，我向来都乐于发现过度跋扈的母亲总是养出尿床的小孩，因为这些小孩正以此坚持己见，虽然他们还不明白自己在做什么）。假如母亲在维持自己的价值观时，也能等待小孩发展出自己的价值观，那么回报是很大的。

假如你允许小孩发展自己的支配权利，就是在帮助他。虽然你们的权利会起冲突，但这是很自然的。这比强迫小孩听你的话来得好，即使你认为自己的做法最好。而且，你还有一个更好的理由给小孩许可，即人人都喜欢按自己的方式来过日子。所以，何不让小孩拥有房间的一个小角落，或一个小柜子，或一小面墙？让他根据心情、幻想和一时的兴致，去弄脏或整理或装饰他的小天地。每个小孩都有权利拥有自己的小小地盘，也有权利每天占据一点你的（还有父亲的）时间，这是他理当得到的，而且在这个小小时空内，你是在进入他的世界。相对于作风强势的母亲，还有另一个极端，那就是根本没有主见的母亲，她会完全放纵孩子，让他随心所欲。这种教养方式对小孩来说，也毫无用处，根本没人会开心，连小孩也不例外。

· 第十九章 ·

我们说小孩正常是什么意思?

我们经常谈难缠的小孩,尝试描述他们,将他们的难题分类。我们也会谈常态或健康,可是严格说起来,要描述正常的小孩比较难。说到身体正常时,我们很清楚是什么意思,它代表这个小孩的发育,在他的年龄层当中符合一般标准,没有生理疾病。我们也知道,智力正常是什么意思。可是,一个身体健康、智力正常甚至聪慧的小孩,在整个人格上来说,依然有可能不正常。

我们可以从行为的角度来想,拿同年龄层的孩子来跟这个小孩比较。可是如果只为了行为,就给小孩贴上不正常的标签,我们还是会感到犹豫不决,因为正常的标准范围相当宽广,人们的期望也有很大的差异。比如小孩饿了就会哭,问题是,这个小孩的年纪到底有多大?一岁大,饿了就哭算不正常?再打个比方:有个小孩从母亲的钱包里拿了一块硬币出来,这样算不算正常?还是要看年纪而定。因为,两岁大的小孩多半会这么做。又或者,观察两个行为举止看似都等着挨揍的孩子，但其中一个在现实生活中并没有这样的恐惧基础，另一个在家里则是常常挨打。再来看看，有个小孩三岁大了还在吃母乳，这在英国是很不寻常的，可是在世界的其他角落，则可能是常见的习俗。总之，并不是比较了两个小孩的行为后，我们就能明白所谓的正常是什么意思。

我们想要知道的是，小孩的人格发展是否正常，个性是否朝健康的方向逐渐强化。而且，人格成熟过程中的阻碍无法靠小孩的聪明才智来补足。假如情感的发展在某个点上卡住了，日后每当特定环境再次出现时，他的行为就会变得像个婴幼儿。例如，我们说某人每次一遇到挫折，就表现得像个孩子似的，变得暴躁易怒，或是心脏病就会发作。所谓正常的人，是有别的法子可以面对挫折的。

我要试着对正常的发展，说些正面的话。不过，首先我们必须承认，小婴儿的需求和情感是非常强烈的。虽然，他跟世界的关系才刚刚开始，可是我们应该把小婴儿看成一个人，从一开始他就有人的一切强烈感觉。人们会想尽各种办法，试图捕捉自己婴幼儿时期的感觉，因为那些感觉是如此强烈，所以特别珍贵。

在这个假设上，我们可以把幼年想成一个逐步建立信仰的过程。我们对人、事、物的信仰，是通过无数美好的经验，一点一滴累积起来的。这里"美好"的意思是足够满意，也可以说是需求或冲动已经得到满足与合理化了。这些美好的经验是用来跟不好的经验做比较的，而"不好"是我们用来描述终究免不了会产生的愤怒、痛恨与怀疑。人人都必须在自我的内在去组织一个本能欲望的秩序，从这里开始运作自我；人人也都必须发展出自己的方法，在这个分配给他的特殊世界里，跟这些冲动共存。但这并不容易。事实上，关于婴幼儿，我要告诉大家的重点是，即使有各种美好的条件存在，婴幼儿的生活也并不容易，而且根本不存在所谓没有眼泪的生活，除非一个人毫无自发性地去顺从。

孩子也有他的人生难题

生活本来就很艰难，任何婴幼儿都难免显露出遭遇困难的迹象，因此，个个都有些征兆，而在某些条件下，这些征兆都有可能是某种疾病的症状。即使拥有最和谐体谅的家庭生活背景，也无法改变人人的发展都会遭遇困难的事实。况且，配合得天衣无缝的家庭，孩子反倒难以忍受，因为他们无法通过理直气壮地表达愤怒来获得解脱。

所以，我们推论出下面这个想法："正常"一词有两个意义。一个是给需要标准的心理学家来用，因为他必须把不完美的一切称为不正常。另一个则是给医生、父母和老师用。当他们想要描述一个小孩很可能终将成长为令人满意的社会成员时，这个说法就派得上用场，尽管这个小孩早已清楚地呈现出了某些症状和让人困扰的行为问题。

例如，有一个早产的小男孩，医生说，他是不正常的。因为他有十天不吸奶，母亲只好把奶挤出来，装进奶瓶来喂他。可是，这对一个早产儿来说是正常的，对一个足月的小孩来说才是不正常。后来，他到了原本该出生的那一天，才开始吃奶，吃得很慢，一切得按照他的速度来进展。打从一开始，他就很难带，他的母亲发现，只有配合他，让他决定何时开始、何时结束，她才有可能把他带好。在整个婴儿期，他对每样新鲜事物都尖叫以对，要教他习惯新杯子、新浴盆、婴儿床，母亲只能向他介绍，然后等他自己改变心意。这种我行我素的程度，在心理学家看来，已经不正常了，可是因为有个愿意百般迁就他的母亲，所以我们可以说，这个小孩还算正常。我们发现生活艰难的进一步证据是，这个小孩发展出非常密集的尖叫，已经无法哄劝安慰，母亲只能把他留在婴儿床里，然后待在旁边等他自己恢复清醒。尖叫时，他并不认识母亲。所以在他恢复清醒以前，她对他来说毫无用处；要等他清醒以后，她才能再度变成对他有用的母亲。这个小孩被送到心理学家那儿去做特殊检查，候诊时母亲却发现，不必专家帮助，她跟小孩子就能够相互了解，所以心理学家就让他们自己去解决问题。虽然他在小孩和母亲身上看到了异常，可是他宁可称之为正常，给他们一个获得珍贵经验的机会，即运用自己天然的资源，以从困境中复原。

我要用下面这段话，来描述正常的小孩。正常的小孩有办法运用自然状态下的任何方法，来抵御焦虑和难以忍受的冲突。小孩（健康时）所使用的那些方法，跟他能够得到哪种帮助有关。当小孩使用症状（方法）的能力开始呈现出限制和僵化，而且在症状与可以预料得到的帮助之间看不出相关性时，就表示孩子异常了。当然，我们必须承认，刚开始小婴儿还没什么能力来判断他到底可以得到哪种帮助，同时需要母亲的密切配合才行。

就拿每个带小孩的人几乎都会碰到的常见症状"尿床"来说吧。假如小孩借由尿床来做有效的抗议，以此对抗严格的管教，并维护个人的权利，那么这个症状就不是病；相反，这只表示，这个小孩希望能保有他多少受到了威胁的个性。在绝大部分的个案里，尿床是在做它该做的事。假以时日，只要有良好的照顾，小孩就有办法根治这个症状，并改用其他方法来主张己见。

再来看看另一个常见的症状——拒绝食物。小孩拒吃食物绝对是正常的。我相信你供应的食物是好的，重点是，孩子无法老是觉得食物是好的，小孩也无法始终觉得，好的食物是他应得的。给他时间，冷静处理，最后小孩就会发现什么是好的、什么是不好的；换句话说，他会像我们一样，发展出自己的好恶。

我们称呼小孩正常使用的这些方法为症状，我们也说，正常的小孩在适当的环境里，有办法表现出这些症状。不过，在生病的小孩身上，麻烦的倒不是症状，而是这些症状没有达到应有的作用。这一点对小孩和母亲来说，都是个麻烦。

所以，尿床、拒吃食物以及其他症状，虽然都有可能是需要治疗的重要征兆，但是其实这些并不需要非得治疗。事实上，我们认定算正常的那些小孩，也都会有上述的征兆。有这些征兆只是因为生命艰难，况且对每个人来说，人生打从一开始就是艰难无比。

孩子生活困境的成因

那么，这些困难又是从哪儿来的呢？首先，这是由两种现实之间的根本冲突所造成的：一个是人人分享的外在世界，另一个则是每个小孩自己的内心情感、想法和想象世界。从出生开始，母亲就不断介绍小孩认识外在世界的现实。在早期的喂食经验里，小孩的想法就在跟外在的事实做比较；小孩想要的、期望的和想出来的，会被用来权衡母亲所供应的、依赖他人意志和愿望才得以存在的东西。终其一生，这个根本困境都会令他产生苦恼。即使最好的外在现实也多少令小孩失望，因为这并不是他想象中的，就算这种现实可以被操控到一定程度，仍不在小孩那如魔法一般的彻底控制之下。照顾小孩的人有个主要任务，就是要在小孩从幻觉到幻灭的转变过程中提供协助，尽量随时将小孩所面对的问题单纯化。小婴儿大部分的尖叫和乱发脾气，都属于内在与外在现实之间冲突的拉锯战范围，我们必须把这场拉锯战看成是正常的。

这项幻灭的独特过程里有个特殊部分，就是小孩会发现当下的冲动很有乐趣。不过，如果小孩要长大，要能够与其他人共处的话，就必须放弃许多一时兴起的自发性乐趣才行。可是，还没有发现与拥有的东西是无法放弃的。所以，母亲得先让每个小孩感受到绝对的爱，再要求他退而求其次，这是何等困难的任务啊！在如此痛苦的学习中，冲突与抗议的确是预料中的常态。

其次，小婴儿会很糟糕地发现，随着兴奋而来的是摧毁的念头。喂奶时，小孩容易有冲动想摧毁美好的一切，包括食物以及给他食物的人。当小婴儿认得他的照顾者，或者非常喜欢这个照顾者，到了喂奶时间，这个人却自动送上门来，要求被摧毁或被榨干时，这一点就变得非常吓人。紧接着，他还会产生另一个感觉：假如一切都被摧毁了，那不就什么都没了，到时候该怎么办呢？又要挨饿吗？

所以，到底该怎么办呢？有时候，小孩子干脆就不再对食物感到热切的渴望，他的内心会因此获得平静，可是也失去了一些珍贵的东西，因为没有渴望，就得不到充分满足的经验。所以，我们就看到了一个症状：健康的贪吃受到抑制，胃口也自然变差了。我们必须预料到在正常的小孩身上，多少会有这样的症状。如果母亲知道这些小题大做是怎么回事，就会想尽各种办法来避开这个症状，她绝对不会轻易陷入恐慌，而是会耐心等待，而这两点在育儿时是一件好事。因为亲自负责育儿的人很冷静，而且一直表现得很自然，到头来小宝宝们的表现，总是令人赞叹的。

这一切只跟婴儿和母亲这种母子关系有关。不久，在其他麻烦之上，孩子还要把认得父亲所带来的困扰考虑进来。你在小孩身上注意到的许多症状，都跟这个事实自然产生的难题及更广大的牵连有关，但我们绝对不会因此就不让小孩认得父亲。不管小孩是出于嫉妒、爱或爱憎交加而出现各种症状，都要比跳过适应外界现实这个难关直接前进更好。

此外，弟弟妹妹的降临所造成的不悦，同样是值得体验的，而非可悲的事。

最后，我只想再说一点，那就是：小孩不久后就会开始创造一个私人的内心世界，在这个世界里，战斗有输有赢。在这个内心世界里，占有主导地位的是神奇的魔法。从小孩的图画和游戏里，你会看到他内心世界的东西，你一定要认真看待。这个内心世界在孩子眼中占有一个位置，而且就位于他的身体里面，意识到这一点，你就该料想到，小孩的身体必定会被牵扯其中。例如，各种身体的疼痛以及不快，都会伴随着内心世界的紧张与压力而来。小孩尝试控制内心的现象时，将会有疼痛和苦恼。有时也会做出魔法的姿态，或者好像着魔似的跳舞，转来转去。当你必须处理小孩的这些"疯狂"举动时，我希望你不要以为小孩病了。你得料想到，小孩会对各种真实的和想象的人、动物或东西着迷，而且这些想象中的人和动物有时会跑到外面的世界来，如果你想要求小孩提前长大，这将造成小孩内心极大的混淆，所以你只好假装自己也看得到那些出现在他想象中的人和动物。假如你不得不招待小孩想象出来的玩伴，千万不要感到惊讶，对他来说，这些玩伴是非常真实的。他们虽然来自小孩的内心世界，却为了某个很好的理由，暂时被留在了人间。

我不想再解释人生为何艰难，相反，我只想用一个友善的暗示来做结尾。小孩的游戏能力储存了许多东西。假如小孩可以玩游戏，他就有空间可以容许一两个症状冒出来。假如小孩有能力享受游戏，不管是自己玩耍还是跟其他小孩一起玩，他就不会酿出太严重的麻烦。假如在游戏当中，小孩能运用丰富的想象力，又能从对外在现实的精确认知中得到游戏的乐趣，那么，你该感到相当开心，就算这个有问题的小孩会尿床、说话会结巴、爱乱发脾气或是会重复陷入易怒或忧郁的折磨之中，也没有关系。因为，玩游戏显示出，只要有良好而稳定的环境，这个孩子就有能力发展出个人的生活方式，而且最终会变成一个完整的人。我们的世界期待这样的人，也欢迎这样的人。

第二十章

独生子女的优缺点

这一章我想讨论，一般家庭里没有兄弟姐妹的小孩，也就是独生子女。问题是：独生与否，到底有什么差别？

放眼望去，看到身边这么多的独生子或独生女，我相信只生一个孩子，必定有很好的理由。在这些个案中，当然有许多父母愿意尽力生养一个大家庭，但却受到牵绊或阻碍，无法如愿以偿。不过，只生一个小孩通常是刻意计划的。我们如果追问已婚夫妻，为什么只想生一个？最常见的理由多半是经济因素："我们只养得起一个小孩。"

毫无疑问，养孩子是很花钱的。我想，随便建议父母不必顾虑家计，未免太不理智了。我们都知道，有些缺乏责任感的男女，随便生一堆宝宝（不论婚生或非婚生），到处遗弃。这种做法自然会让年轻人感到犹豫不决，不敢随便生养一大群小孩。人们如果想从金钱的角度来谈，那就让他们去谈，不过，我想真正令他们犹豫的是，他们是否有可能在不丧失太多个人自由的前提下，照顾一个大家庭。假如两个小孩对父母的要求真的是一个小孩的两倍，还是事先盘算一下比较妥当。可是，我们可能会怀疑，多养几个小孩的负担，是不是真的比只养一个小孩大？

请原谅我把小孩称作负担。孩子确实是个负担，他们若能带来喜悦，那是因为他们是父母真心想要的，这对父母乐意承担这个重担；事实上，他们会达成共识，不把他称作负担，而叫作孩子。有个意味深长的幽默说法是："但愿你所有的麻烦都是小的！"假如我们以感情用事的态度来谈论孩子，人们干脆会放弃生小孩的念头；母亲们虽然不以清洗和缝补衣服为苦，但我们必须牢记这些差事及其所代表的无私意义。

身为独生子女的孩子当然占了一些优势。我想，父母如果能够将自己完全奉献给一个小孩，就表示他们有可能做更好的安排，让小宝宝有个单纯的婴儿期。也就是说，这个小宝宝能享有最单纯的母子关系，这个小天地会慢慢发展出复杂的事物，而且绝对不会快过发育中的小宝宝所能承受的速度。单纯的生活环境可以给宝宝一种稳定感，让他一生受用无穷。此外，我也应该提一下其他重要事项，比如食物、衣服和教育等，它们都是父母可以轻松提供给独生子女的东西。

独生子女所欠缺的经验

现在，回头来谈谈某些不利的地方。身为独生子女最显而易见的缺点就是，缺乏玩伴，以及缺乏兄弟姐妹这些人际关系所带来的丰富经验。小孩的游戏里面有很多东西是大人无法理解的，就算大人能够了解，他也无法像小孩一样长期沉浸在游戏里面。事实上，假如大人陪小孩玩，游戏里面天生的疯狂就会变得太明显。所以，假如没有别的玩伴，小孩就无法在游戏中自然成长，还会错过那些不顾后果、没责任感和心血来潮所带来的乐趣；这种情形会让小孩变得早熟，宁可听大人说话，跟大人聊天，帮母亲打理屋子，或使用父亲的工具。相形之下，玩游戏就变得太蠢了。而可以一起玩耍的孩子们则有无穷的能力去发明游戏的细节，同时还可以玩上大半天，也不感到疲倦。

不过，还有一件很重要、很珍贵的事情，那就是让小孩经历弟弟或妹妹加入这个家庭的经验。事实上，再怎么强调这个经验的价值都不为过。怀孕是件大事，小孩如果错过母亲的生理变化，那他错过的可多了：起初他会发现自己无法在她的大腿上撒娇，后来才逐渐理解个中缘由，最后在新宝宝出现时，得到铁证如山的证据，证明他始终暗自明白的事情，同时又看到母亲恢复正常，等等。虽然有许多小孩觉得，这个经验太难理解，无法克服心中油然而生的强烈情感与冲突，可是我想，每个错过这种经验的小孩，由于从来不曾看见母亲用乳房哺喂弟妹，或不曾看见母亲为小婴儿洗澡、照顾小婴儿，他们在经验上远比目睹过的小孩，要来得贫瘠许多。或许小孩跟大人一样也想要小宝宝，可是他们没有办法生小孩，洋娃娃又只能带来一丁点的满足，如果母亲生小孩的话，他们就可以借由代理而拥有他们。

独生子女尤其缺乏恨的经验。当新宝宝威胁到看似安稳的亲子关系时，小孩自然会产生恨意。小孩对弟妹的出生常常感到心烦意乱，这种事情实在太稀松平常了，所以我们会说这是正常的。小孩对弟妹的第一个感想，通常不会太有礼貌："他的脸红通通的，好像番茄。"事实上，父母在老二出生时，听到老大直接表达出心中的厌恶，甚至是强烈的痛恨时，应该要如释重负。当新来的宝宝发育成长，大到可以一起玩耍，可以令人感到骄傲时，大孩子心中的恨意就会逐渐转变成爱。不过，大孩子刚开始的反应可能是害怕或痛恨。由这个情绪产生的冲动，会让他想把新宝宝丢进垃圾箱里。我认为，当小孩发现，他逐渐爱上的小弟弟或小妹妹，正是他几周前痛恨的、希望他消失的那个新宝宝时，这个经验对他来说是弥足珍贵的。所有的小孩都有个大难题，那就是不知该如何理直气壮地表达恨意，独生子女尤其缺乏机会来表达他天性里头的攻击面，这可是一大缺憾。一块儿长大的小孩们，会玩各式各样的游戏，有机会可以跟自己的攻击性和解，还有珍贵的机会可以发现，当他们真的伤害了所爱的人时，他们是会感到歉疚的。

还有一件事，那就是新宝宝的诞生表示父母除了喜欢彼此之外，也还有性的兴趣存在。我认为，新生儿的到来，让孩子们得到安心的保证，确认了父母之间的关系。对小孩来说，能感到父母之间靠两性的吸引力将彼此牢牢牵在一起，维系着家庭生活的结构，这一点也是非常重要的。

有兄弟姐妹的小孩比独生子女还多了另一个优点。在大家庭里，孩子们有机会当兄姐或弟妹，这些人际关系为他们做好适应将来团体生活的准备，以便能顺利地进入外面的世界。唯一的小孩如果连堂表兄弟姐妹都没有，长大以后很难随意认识其他的男孩和女孩。独生子女随时都在寻找稳定不变的关系，这很容易吓跑刚刚认识的人。相较之下，大家庭出身的小孩早已习惯认识兄弟姐妹的朋友，成长到约会的年纪时，也已经累积不少实用的人际关系经验了。

父母的确可以为独生子女做很多事，许多父母也都尽力而为了，不过他们也得经得起折磨才行。在战争期间，他们尤其要非常勇敢，才舍得让小孩去打仗，虽然从小孩的角度来看，这可能是唯一可行的好事。因为不论男孩女孩，都需要有冒险的自由，假如没有办法让他们冒险，他们就会感受到严重的挫折。可是身为家里唯一的小孩，若是受伤了，恐怕会大大伤害父母的心。话虽这么说，把小孩抚养长大，送进社会，父母还是会有莫大的收获。

此外，小孩长大以后还得照顾年迈的父母。如果有兄弟姐妹的话，奉养的工作就有人分担。否则，独生的孩子可能会被孝敬父母的愿望所压垮。或许这一点应该事先想好。父母有时会忘记这一点，因为小孩很快就长大成人。可是小孩却可能得（而且也想）奉养父母二十年、三十年，甚至更久；

这是一个不确定的时间。假如有好几个小孩，合力照顾年迈父母的乐趣会比较容易持续到终点。事实上，有时候年轻夫妇是想多生几个，可是因为有责任要照顾年迈或生病的父母，又没有足够的兄弟姐妹可以分担并享受这份工作，所以无法如愿以偿多生几个。

你应该注意到了，我讨论了身为家中唯一小孩的优点与缺点，前提是这个小孩是个平凡、健康、正常的个人，又有个平凡的好家庭。我们如果想到不正常的状况，可以说的显然还有很多。比如，家中若有智力发育迟缓的小孩，父母必须另做打算来因应这个独特的难题，这时，如果还得养育好几个小孩，父母就更加为难，因为他们不能为了配合一个难缠的小孩，而影响了其他正常的孩子。此外，同样重要的情况是，小孩的父母有病，不管这病是生理的，还是心理的。譬如，有些父母老是有点忧郁或是发愁；有的父母则是对外面的世界心生恐惧，认为世界是不友善的，结果影响了全家。而独生子女则必须单独发现并处理这一切。曾有朋友告诉我："我有种奇怪的自闭感觉，或许是父母给的爱太多了，注意力太多，占有欲也太强，让我觉得自己仿佛跟父母关在一起，他们以为他们是你的全世界，但其实早就不是了。对我来说，这是身为独生子女最糟糕的部分。还好我父母在这方面非常明智。在我还不太会走路时，他们就送我去上学，让我跟隔壁的小孩住在一起，可是在家里还是有这种奇怪的拉扯感，好像家庭跟亲情比其他任何事都重要。假如家里没有同辈的人，这些事情是很容易让小孩恃宠而骄的。"

你八成以为，我会偏好大家庭胜过只有一个小孩的家庭。不过，我宁可只有一个或两个小孩，然后尽全力照顾好，而不要毫无节制地生，以至到头来根本没有体力和心情来照顾他们。假如家里只能有一个小孩，你一定要记住，你也可以邀请别的小朋友到家里来玩，而且要早点开始。如果两个小孩互相争执冲撞，并不表示他们不该认识。假如真的没有别的玩伴，可以养小狗或别的宠物，或者善用托儿所和幼儿园。假如你了解只有一个小孩的缺点多得数不完，那么只要你愿意努力，就可以把它们的影响降到最低。

第二十一章

双胞胎问题

谈到双胞胎，首先要说，他们是非常自然的现象，实在不需要太过担心，也不用太惊喜。我认得许多喜欢养双胞胎的母亲，也认识许多爱当双胞胎的双胞胎。可是，几乎所有的母亲都异口同声地说，如果可以选择，她们绝对不会选择生双胞胎。至于双胞胎本身，就算那些看似相当安于自己命运的双胞胎，通常也告诉我，他们宁可单独来到人世。

双胞胎有独特的问题要解决。他们有优点，也有缺点。与其告诉你该怎么办，还不如给你一两个提示，让你知道主要的困难是什么。

双胞胎有两种，每一种的问题都不尽相同。我们知道，每个小宝宝都是从一个小小的受精卵发育出来的。卵子一旦受精就开始生长，然后分裂成两个。这两个细胞又各自分裂成两个，再变成四个，然后四个变八个，就这样一直分裂下去，直到这个新人类由数以百万计的各种细胞组成，彼此相关，但是又像原来的受精卵一样，是个完整的个体。有时候，在这个刚刚受精的卵子初次分裂后，这两个分裂的细胞会各自独立发育，这就是同卵双胞胎的由来，也就是两个宝宝从同一颗受精卵发育出来。同卵双胞胎的性别是相同的，外表也非常相似，至少一开始是如此。

另一种双胞胎的性别可能一样，也可能不一样，他们就像其他兄弟姐妹，唯一的差别在于，他们是同时从不同的卵子发育出来。在这种情况下，两颗卵子一起在子宫里成长。这种双胞胎的长相就像其他的兄弟姐妹，未必会一模一样。

无论是哪种双胞胎，我们常常以为，小孩有伴真好，永远不会孤单，尤其是大一点后，就可以相互做伴。不过，这里有个意想不到的障碍存在，想要了解这一点，我们就得想想小婴儿发育的方式。在一般情况下，如果有个普通好的育儿环境，小婴儿出生以后就会开始打下人格和个性养成的基础，并且会发现自己的身份。我们都喜欢无私和兼容并蓄的宽阔胸襟，也希望在自己的小孩身上找到这些美德。可是，假如我们研究小婴儿的情感发展就会发现，无私只有建立在最初的自私上，之后才能用一种健康而稳定的方式出现。我们可以说，如果没有最初的自私，小孩的无私就会充满了怨恨。其实，这个最初的自私，不过就是小婴儿有个好妈妈的经验。这个好妈妈从一开始就愿意尽量配合小宝宝的欲望，让宝宝的冲动支配一切，并且愿意等待，让小宝宝随着时间慢慢发展出容纳他人意见的能力。起初，妈妈必须给小宝宝一种占有感，让宝宝觉得是他在控制她，并让他以为妈妈是为了这个理由才被创造出来的。起初，妈妈自己的私生活并不会影响小宝宝。小宝宝骨子里有了最初的自私经验，以后就可以变得无私，不会有太多怨恨。

在通常的状况下，当小宝宝单独降临人世时，他们都有充分的时间可以慢慢接受母亲也有权利有别的兴趣这一现实。大家都知道，每个小孩都会发现另一个小孩的到来是个问题，有时候还是很严重的问题。不过，通常要到小宝宝度过第一个生日以后，母亲才会担心小孩是否愿意跟其他小宝宝一起玩耍。而且，就算是两岁大的孩子一开始也会打架，而非玩在一块儿。每个小宝宝的确都需要一段时间，才能欢迎弟弟或妹妹的到来，这段时间的长短对每个小孩来说也不尽相同；只有当小孩真的能够"允许"母亲怀孕时（也就是说，当他可以"承认"母亲怀孕时），这个关键时刻才算到来。

好吧，姑且不说小孩允许父母增加家庭新成员的意愿是如何发展的，双胞胎可是随时都要跟另一个小宝宝相抗衡的。

在这种时刻，我们就会看到"小婴儿最初的几个月，是无关紧要的小事情"这种论调错得有多离谱，因为双胞胎一开始是否觉得他们都独自占有母亲，其实是非常重要的事。双胞胎的母亲有一个额外的任务是优先于一切事情的，那就是要同时把全部的自己奉献给两个小宝宝。在某种程度上，她必然会失败，所以，双胞胎的母亲只要尽力而为，孩子们最终会自己找到一些优势，以弥补双胞胎在占有母亲方面的先天困境。

一个母亲不可能同时满足两个小婴儿眼下的需求。不论是喂奶、换尿布或洗澡，她都不可能同时把两个小孩抱起来。但是，她可以尽力做到公平，假如她从一开始就认真看待这件事，以后一定会得到报偿，尽管要做到这一点并不容易。

妈妈一定要会区分双胞胎

事实上，她将会发现，她的目标并不是要公平地对待每个小孩，而是要把两个小孩都当作只有一个来看待。那就是说，从一出生开始，她就必须寻找两个小孩的不同之处。她必须比别人更能够轻易地分辨出哪个是哪个，就算最初她必须靠皮肤上的小记号或别的秘诀来区分。她会发现，两个小孩的性情很不一样，假如她把每个小孩都当作一个完整的人格，他们就会发展出自己的特色。一般认为，双胞胎的困难多半出自：就算他们真的不同，旁人总是不把他们看作不同的人。这么做的理由要不是为了好玩，就是因为没人认为这件事值得如此大费周章。我认识一个相当好的人家，女主人从来没学会如何分辨自己的双胞胎女儿，其他小孩都能毫无困难地认清楚谁是谁。其实这两个小女孩的个性真的相去甚远，可是那家的妈妈不论喊哪一个都是叫"双胞胎"。

自己照顾一个，把另一个交给护士，并不算是个解决之道。你可能有某个很好的理由（例如出于健康的考虑），必须

159

跟别人分担照顾小孩的工作；不过，这样只是把问题延后而已，总有一天，你交给别人带的那一个，将会非常嫉妒你留下来自己照顾的这一个，就算帮手做得比你好也没用。

双胞胎的母亲们似乎都同意，即使双胞胎有时候喜欢被错认为另一个，但还是需要母亲一眼就可以认出他们来。关键是，不论哪种案例，双胞胎小孩绝对不能搞不清楚自己的身份。想要做到这一点，生活中必须有个人能够非常清楚地辨认出他们。我认得一个母亲，她有一对同卵双胞胎，在外人眼中一模一样，可是母亲从一开始就可以轻易地分辨出来，因为他们的性情大不相同。他们出生后一星期左右，母亲披上一条红色围巾，让喂奶的例行公事变得复杂一点。当时双胞胎的其中一个对这一点有了反应，一直盯着围巾瞧，或许是因为色彩太鲜艳，他反倒对乳房失去兴趣。不过，另一个并没有受到围巾的影响，还是像平常一样吃奶。经过这件事之后，母亲不但觉得这两个小孩是两个不同的人，也觉得他们已经停止活在平行的经验里了。这位特殊的母亲克服了到底该先喂谁的难题，她的办法是准时做好准备，到时看哪个小孩比较急切，就先喂哪个。这通常听哭声就知道了。当然啦，这个办法也不是屡试不爽。

养育双胞胎的主要难题是，应该给每个小孩个别待遇和养育，这样每个小孩的完整性和独特性才能得到充分的认可。就算双胞胎长得一模一样，母亲还是需要跟每个小孩有完整的关系。

我刚刚提到的这名母亲告诉我，她发现把一个宝宝放在前院花园睡觉，另一个放在后院，是个好办法。你或许没有两座花园，但还是可以做点巧心的安排，不要让其中一个哭起来时，另一个也跟着哭。两个宝宝同时哭，不但你为难，宝宝也很可怜。因为在哭泣的时候，宝宝也喜欢掌控场面。襁褓之初，就在天生需要独裁感的舞台上遇到竞争对手，可是会令人抓狂的，而我知道，这种事情会影响双胞胎一生。

我说过，长得一模一样的双胞胎叫作同卵双胞胎[1]。这个词本身就传达了明显的信息。假如小孩真的完全一样，他们就是相同的，结果就会是同一个，这当然很荒谬。因为他们只是相似，并非一模一样，麻烦的是人们把他们当作一模一样。我说过，假如人们这么做，这对双胞胎也会搞不清楚自己的身份。别说是双胞胎了，普通的小婴儿也会对自己的身份感到糊涂，他们要慢慢地才有自信心。我们知道，小孩学会说话以后，要过一阵子才会使用代名词。他们先学会说"妈""爸""要要"以及"狗狗"，然后才会说"我""你"和"我们"。双胞胎坐在婴儿车里，很可能以为彼此是一个人。的确，小婴儿以为坐在婴儿车另一头的是自己（好像照镜子），这是比较合乎情理的，他们才不会（用小婴儿的语言）说："嗨，坐在我对面的是我的双胞胎兄弟（姐妹）。"可是，

1　同卵双胞胎的英文是 identical twins, identical 的字义既是同卵、同源，也有一模一样的意思，正好一语双关，所以温尼科特才会说，这个词传达的信息已经很明显了。——译注

当其中一个被人从婴儿车上抱起来时，另一个就会有失落和受骗上当的感觉。这可能是任何一个小宝宝都会面临的困境，只不过双胞胎是铁定会遇到的。但是，假如我们尽到本分，理解他们是不同的人，他们就有希望克服这个困难。以后，等双胞胎对自己的身份相当有自信时，才有可能乐于利用彼此的相似之处。只有在这之后，而且绝对不会早于这个时间点，才是玩身份误认游戏的时候。

最后一点，双胞胎喜欢彼此吗？这得留给双胞胎自己去回答。据我所知，"双胞胎特别喜欢彼此"这个想法是有待研究的。他们通常接受彼此的陪伴，享受一块儿玩耍，痛恨被人分开，却无法说服别人：他们彼此相爱。然后，有一天，他们发现痛恨彼此，仿若毒药，接着他们彼此相爱的可能性才终于会到来。这一点无法适用所有的情况，可是在两个孩子不管愿不愿意，都不得不容忍彼此的情况下，他们无法知道自己是否会选择认识彼此。因此，只有在表达过恨意以后，爱才有机会。所以你不要理所当然地以为，你的双胞胎想要一生一世在一起。了解这一点是很重要的。

他们可能会也可能不会感激你，比如因某些机会（像出麻疹）你让他们分开，毕竟独自一人总比有双胞胎陪伴，更容易成长为一个完整的人。

第二十二章

孩子为什么爱玩游戏?

小孩子为什么爱玩游戏? 下面这些理由,看似浅显,却值得深思。

大部分人都会说,小孩子玩游戏是因为他们就是爱玩,这当然是不可否认的。小孩乐在各种生理与情感的游戏经验中,而我们可以提供材料和点子,来拓展他们这两种经验的范围。可是少提供一点似乎比较好,因为小孩子自己就很会找东西,也很会发明游戏,还会乐在其中。

我们常说,小孩子在游戏里"发泄了恨意和攻击性",仿佛攻击性是可以摆脱得掉的坏东西。这种说法只说对了一部分。小孩压下怒气和生气经验的后果,确实会感觉自己内心像是有个坏东西。不过,我们如果换个角度来看待这件事,反而更有意义,那就是:小孩子其实很珍惜可以在自己熟悉的环境里,表达恨意或攻击的冲动,并且知道这个环境不会对他以牙还牙。小孩子觉得好的环境应该有办法容忍攻击性,特别是那些以比较可接受的形式所表达的攻击性。我们一定要接受攻击性的存在，因为它就在孩子的性格里，假如存在的东西被隐藏、被否认了，小孩就会觉得自己不诚实。

攻击性有可能是很愉悦的，可是难免附带对别人真实的或想象上的伤害，所以小孩不得不处理这个难题。但要处理这一点就得从源头下手，其中一个办法是让他在游戏规则里表达攻击的感受，他才不会一生气就发怒。另一个办法是，把攻击用在有根本建设性目标的活动里。可是，这些事情只能一步一步慢慢来。我们的责任是，不要忽略了小孩在游戏里面（而非发怒时刻），表达攻击感受的社会贡献。我们当然不喜欢被人痛恨，也不喜欢受到伤害，可是我们绝对不能忽略，通过自我修养努力克制火暴脾气的背后含义。

我们很容易看到小孩为了玩而玩，却比较难看到小孩的玩耍是为了控制焦虑，或是为了控制那不加以约束就会导致焦虑的想法和冲动。

焦虑向来是儿童玩游戏的因素之一，甚至还常常是主要原因。过度焦虑带来的威胁会导致儿童无法自拔地陷入强迫性或反复性的游戏，或是夸张地寻求跟游戏有关的乐趣。假如焦虑过头了，游戏就会沦为纯粹感官满足的工具。

我们没有必要在这里证明"焦虑是儿童游戏背后的主因"这个论点。不过，实际的结果是很重要的。因为，假如儿童玩游戏纯粹只是为了取乐，我们就可以要求他们放弃，不要玩了。相反，假如游戏处理的是焦虑，阻止他们玩游戏就会引发烦恼和真正的焦虑，或是引发对抗焦虑的新防御方法

（比如自慰或做白日梦）。

小孩在玩耍中获取经验，游戏成了他生活中的一大部分。对成年人而言，外在经验跟内在经验同样丰富，可是小孩只有通过游戏和幻想，才能够充实自己。大人在生活经验中发展人格，同样的，小孩则通过自己的游戏，通过和其他小孩、大人发明的游戏来发展人格。充实自己之后，儿童才能逐渐拓展他看见丰富的外在世界的能力。游戏是创造力存在的持续证明，代表着灵感的源源不绝。

成年人能贡献的是，承认游戏的重要地位，并教导传统游戏，但是又不要限制或破坏小孩的创造力。

小孩起初会独自玩耍，或跟母亲一起玩耍，他并不需要立刻就有其他小孩做玩伴。小孩主要是通过游戏接受其他孩子的存在，不过他们必须先融入游戏预先设定的角色才行。就像大人一样，有的大人轻而易举就在工作上结交朋友或树立敌人，有的却在宿舍枯坐多年，怀疑为何没人理睬他们；小孩也是在游戏中结交朋友和树立敌人，而在游戏以外，他们就不容易交朋友。可见游戏提供了一个启动情感关系的机制，促使社交关系得以发展。

游戏促成了内外现实的联结

游戏、艺术和宗教活动各自用不同但相关的方式，促成人格的统一与全面的整合。例如，我们看到，游戏可以将个人的内在现实与外在现实轻易地联结起来。

再换个角度来看待这件高度错综复杂的事情，小孩是在游戏中将想法跟身体功能联结起来的。通过这样的联结，如果我们探讨自慰或其他感官开发及与其相关的意识或潜意识里的幻想，并将这些拿来跟真正的玩游戏做比较，将会大有收获。在真正的游戏里，意识和潜意识的想法占据了至高无上的地位，相关的身体活动要么被暂时搁置，要么就是在游戏内容中受到控制。

当我们在小孩的个案中，看到他的强迫性自慰显然挣脱了幻想，或是在另一个小孩的个案里，看到他的强迫性白日梦显然挣脱了局部的或整体的身体兴奋，我们才能够看清楚游戏里的健康倾向，正是游戏将生活中的这两个层面——身体的功能以及源源不绝的灵感——联结了起来。游戏是小孩努力想保持正常时，用来取代感官（sensuality）的另一个选择。大家都知道，小孩如果焦虑过度，就会沉溺在感官之中不能自拔，也就不可能玩游戏了。

同样的，当我们碰到一个小孩，看到他与内在现实的关系跟与外在现实的关系是脱离的，也就是，他的人格在这方面是严重分裂的，我们才明白，正常的游戏（像梦的记忆和述说）对人格的整合有多大的帮助。人格严重分裂的小孩无法玩游戏，或者应该说，无法用一般认得出来的方式玩游戏。今天（一九六八年补记），我要再追加四点看法：

一、游戏本质上是有创造力的。

二、游戏总是兴奋刺激的，因为它处理的是主观与客观感知之间那条不确定的界线。

三、游戏在小宝宝与母亲形象（mother-figure）之间的潜在空间（potential space）里发生。当小宝宝感觉到跟原本与自己合为一体的母亲分开时，我们就必须重新思索这个变化所造成的潜在空间。

四、游戏在潜在空间发展的根据是，小宝宝不必真的与母亲分离就可以有分离的体验，这体验之所以可能发生，是因为以前和母亲身心相融的状态，可以被母亲对小宝宝需求的适应取代。换句话说，游戏能力的开始表示，宝宝已经展开信任母亲形象这一生命体验了。

幼儿的游戏可以是"一个人坦诚面对自己"的过程，就好像着装之于大人。可是，这一点在很早的年纪就可以颠倒过来，因为游戏就像说话一样，也可以用来隐藏我们的想法——我们指的是更为深刻的想法。潜意识中被压抑的部分必须被隐藏起来，可是其余的部分是每个人都想了解的。而游戏就像梦一般，具有自我启示的功能。

在小孩的精神分析里，沟通的欲望是通过游戏，而不是使用大人的语言实现的。三岁小孩对我们的理解能力通常很有信心，以至精神分析师反而担心自己达不到小孩的期望。

于是，小孩在幻灭以后，产生了莫大的苦恼。他懊恼我们为何不懂他通过游戏所做的沟通。对于寻求更深刻了解的分析师来说，没有什么比小孩的这些苦恼更恼人的了。

年纪较大的孩子在这方面比较不抱幻想。被人误解甚或发现自己会骗人，并发现教育主要是骗人和妥协的教育，都不会让他们太震惊。不过，所有的孩子（甚至某些大人）多少都有办法重拾被人了解的信心。在他们的游戏中，我们总是可以找到通往潜意识的入口，重新发现他们与生俱来的诚实坦白。说来也真古怪，这种诚实坦白，在婴儿期以自由盛放开始，结果却以发育不全的花蕾收场。

第二十三章

小孩与性

就在不久前，把性跟童年的"纯真"联想在一起，还被视为不妥。但现在，我们却需要精确的描述。由于未知的部分还太多，我们建议学生自行研究，假如一定要用阅读取代观察，那就请广读各家之言，不要把一家之言当作真理的供应商。不过，本章并不是各家理论的批发零售，而是根据我所受过的小儿科医学和精神分析的训练与经验，试着用我自己的话语，对童年的性欲做点描述。这个主题很庞大，局限在一章的篇幅来讨论，被曲解的可能也就难以避免。

在思考儿童心理学的任何层面时，我们应该牢记一点：人人都曾经是小孩。这一点是很有用的。每个成年的观察者心中，都保有自己婴儿期和童年时代的完整记忆，就当时的理解来看，其中有幻想也有现实。长大以后，许多事情虽然忘了，但是一点一滴都不曾失去。还有什么比我们的记忆，更能提醒我们注意潜意识的庞大资源呢！

我们有可能在自己身上，把某些被压抑的潜意识，从庞大的潜意识中挑出来，其中就会包括性的成分。然而只要一提起童年时代的性欲，立刻就发现困难重重，最好还是另起炉灶，换个主题算了。但是，从另一方面来说，假如观察者可以自由寻找观察的目标，不必（为了个人的理由）对他找到的目标做太多防御，他就可以从各种方法中挑选一个来做客观的研究！其实，分析自己最有收获。有意以心理学为一生志业的人，必然会选择这个方法，（假如成功的话）他不但可以在其中摆脱现有的压抑，也可以通过记忆和重新体验，发现自己幼年生活中的情感与必要的冲突。

弗洛伊德的贡献

弗洛伊德提醒我们，一定要注意童年性欲的重要性，但他的结论是从成年人的分析中得出的。这位分析家每完成一个成功的个案分析，就得到一个独特的经验。在他的独特经验里，病人的童年和婴儿期在病人面前浮现，同时也在分析家的面前揭开。他再三目睹心理疾病的自然发展史，其中交织着心理的与生理的、个人的与环境的、真实的与想象的、病人意识到的与被压抑的一切。

弗洛伊德在分析成人时发现，他们的性生活和性障碍的基础，必须回溯到青春期，回到童年，特别是两岁到五岁的幼年时期。

他发现有个无法描述的三角关系，只能说小男孩爱上了母亲，而跟父亲起冲突，彼此成了性方面的对手。这个性的成分从一个事实得到证明，那就是这些事情不只是在想象中发生而已；还有生理器官的勃起、高潮的兴奋阶段、杀人的冲动和一种特殊的恐惧——阉割恐惧。他辨认出中心主题，称之为"俄狄浦斯情结"[1]。俄狄浦斯情结至今依然是个主要的事实，虽然历经不断的推敲和修正，却无可回避。心理学如果建立在对这个中心主题的掩盖上，那是注定要失败的；因此，我们不得不感激弗洛伊德勇敢说出他反复发现的事，并且一肩承担起大众对他的道德非难。

弗洛伊德使用"俄狄浦斯情结"一词，是为了对精神分析之外、依照直觉去了解童年的做法大表赞赏。俄狄浦斯神话显示，弗洛伊德想描述的已是众人皆知的事。

这个理论环绕着俄狄浦斯情结的核心概念做了一连串的发展。假如这个理论是以一个艺术家对整个童年性欲或童年心理的直觉理解方式提出来的话，对俄狄浦斯情结的许多批评之声，倒是可以理解。可是，这个概念就像科学程序梯子上的一阶；作为一个概念，它有极高的价值，因为它同时处理了与身体和想象有关的事物。这个心理学观点把身体与心

---

1 俄狄浦斯情结 (Oedipus complex)，又译为恋母情结。俄狄浦斯王是古希腊诗人索福克勒斯 (Sophocles) 笔下的悲剧人物，神谕说他长大后会弑父娶母，所以出生后就被父母丢弃，不料长大后却应验了命中注定的悲剧。弗洛伊德用俄狄浦斯王家喻户晓的传奇故事来形容他所发现的恋母情结。——译注

灵当作一体的两面，本质上相互关联，但不能分开检验，否则分析的效果就会失真。

假如我们接受俄狄浦斯情结的重要性，可能立刻就想着手探问，拿这个概念当作线索来了解儿童心理，在哪些方面不恰当或不正确。

第一个异议来自精神分析家对小男孩的直接观察。有些小男孩的确公开用言语表达他们对母亲的爱慕，和他们想要娶她甚至给她小孩的愿望，以及他们因而对父亲产生的恨意；可是，还有许多小男孩根本不是这么说的，事实上，他们对父亲的感情甚至超过母亲。总之，兄弟姐妹、护士和叔伯姨姑有时轻易就取代了父母的位置。直接的观察并未能证实弗洛伊德赋予俄狄浦斯情结的重要程度。尽管如此，弗洛伊德还是必须坚持己见，因为在精神分析中，他经常发现俄狄浦斯情结，发现它很重要，还常常发现它受到严重的压抑，只有在小心翼翼和长期的分析中才会浮现。在观察儿童时，假如仔细探究他们的游戏就会发现：性的主题和俄狄浦斯情结的主题，混杂在其他主题里；可是，要仔细探究儿童的游戏很困难，假如是为了研究目的而做的话，最好在精神分析过程里进行。

事实上，完整的俄狄浦斯情结很少在真实人生中上演。暗示当然是有的，可是跟周期性的本能兴奋有关的强烈感觉，主要还是出现在小孩的潜意识里，否则很快就会受到压抑。虽然如此，它还是真实的；除非我们注意小孩子的强烈黏人、周期性兴起的本能压力，以及心中强烈的憎恨、恐惧与爱的矛盾冲突，否则我们根本无法理解，为何三岁小孩会经常发脾气和做噩梦。

（由弗洛伊德本人所做的）对这个原始概念的一个修正就是，一个成年人在接受精神分析时，从自己的童年所寻回的非常强烈且高度渲染的性情境，未必是父母有可能观察得到的情节，而是根据童年的潜意识情感和想法所做的真实重建。

这又将我们带入另一个问题：那么小女孩呢？第一个假设是，她们会爱上父亲，痛恨和惧怕母亲。这又是一个事实，主要部分很可能是不自觉的；除非在可信任的特殊情况下，否则这可不是小女孩愿意承认的事。

小女孩的欲望

不过，有许多小女孩在情感的发展上，并没有依恋父亲，也没有去冒跟母亲起冲突所带来的大风险。代之而起的是，她对父亲的依恋是形成了，但是她跟父亲的薄弱关系却产生了（所谓的）退行。跟母亲起冲突的风险的确很大，因为（在潜意识的幻想中）关于母亲的念头，跟爱的关照、美好的食物、大地的安定以及外面的世界有关；而跟母亲起冲突必然会牵涉到一种不安全的感觉，譬如梦见大地裂开，或者更糟的景况。假如小女孩只是为了爱恋父亲，就要成为母亲的竞争对手（但从一个比较原始的方式来看，母亲却是她的初恋），那么，这个小女孩的麻烦可就大了。

小女孩就像小男孩，也有适合这类性幻想的生理感觉。我们通常说，小男孩在性感觉的高峰期（蹒跚学步和青春期）时，特别害怕阉割。小女孩在相对阶段的麻烦却是，因为跟母亲成为敌手，结果就是跟物理世界产生冲突，因为对小孩而言，母亲本来就等于物理世界本身。同时，小女孩也为恐惧所苦，就像小男孩害怕阉割一样，她害怕敌对的母亲会攻击自己的身体，以报复她想偷走母亲的婴儿等东西的愿望。

但这个说法一碰到双性恋（bisexuality）显然就有漏洞了。在小孩的生活中，普通的异性恋关系虽然非常重要，但在同一时间，同性恋关系也是存在的，而且相对来说可能还更重要。换个方式来说，正常情况下小孩会认同父母双方，可是一次主要认同其中一方，而这一方并不需要跟小孩同性别。在任何情况下，小孩都有认同父母中异性一方的能力，因此，不管小孩的真实性别是什么，在其所有的幻想生活里（假如进行搜寻的话），都可以发现人际关系的全貌。当孩子主要认同的是父母中同性别的一方，自然很方便。可是当我们帮小孩做精神医学检查时，发现小孩主要认同的是父母中异性的一方，就遽下诊断说他异常，那也是错的。这可能是小孩对特殊环境的自然调适。在某些情况下，跨性别的认同，当然有可能是后来同性恋倾向的基础。就算这样，在最初性的阶段与青春期之间的这段"潜伏"期，跨性别认同还是特别重要的。

在这个叙述里，有个被视为理所当然的原则，或许应该说清楚。如果说性健康的基础是在童年以及重复幼年发展的青春期奠定的，同理可证，成年生活的性偏离（sexual aberrations）与性异常，也是在幼年种下的。更进一步来说，整个心理健康的基础，都是在幼年和婴儿期奠定的。

小孩游戏里的性

通常，性的想法和性的象征大大丰富了小孩的游戏，假如有个强烈的性压抑，就会衍生出某种性压抑的游戏。在这里，可能会因为对性游戏缺乏一个清楚的定义，而产生混淆。性兴奋是一回事，但将性幻想行动化，付诸实行宣泄出来则是另一回事。有身体兴奋的性游戏更是个特殊的情况，况且在童年时代，这个后果很容易陷入困境。随着挫折而爆发的攻击性，通常象征了小孩的高潮及其消退，但是小孩的高潮无法像过了青春期的成年人那样，有机会可以获得本能压力的真正纾解。在睡眠中，有时梦境会升高到兴奋状态，到了高潮时，身体常常可以做出取代完全性高潮的反应，比如尿床或是从噩梦中惊醒。在小男孩身上，性高潮不可能像青春期后才开始的射精那么令人满意；或许，小女孩比较容易得到满足，因为她成熟后，除了被插入以外，并没有什么要增加的。对于童年这些一再出现的本能压力时刻，父母一定要

175

有心理准备，而且一定要为小孩提供替代性的高潮，最方便的当然就是食物了，此外还要有派对、郊游和特殊时刻。

父母们太清楚了，所以有时不得不强势介入，诱发高潮，甚至一巴掌打得孩子泪水汪汪。谢天谢地，小孩终于累了，上床去睡觉。即使如此，当小孩在噩梦中醒来时，延迟的高潮还会骚扰夜晚的安宁，假如小孩要再度跟外在现实重拾关系，理解真实世界的稳定并能松一口气，就需要有母亲或父亲的立即安慰才行。

所有生理的兴奋都有想法伴随，或者（反过来说）想法本身就是生理经验的伴随物。童年常见的游戏，除了有生理的兴奋之外，还会将幻想行动化，付诸实行宣泄出来，这既可获得心理的愉悦，也可以纾解压力，得到满足。童年许多正常而健康的游戏，都跟性的想法和象征有关；这倒不是说，游戏中的孩子一定是受到了性刺激。玩耍的时候，小孩也会感受到各种兴奋的快感，并且周而复始地在身体的某些部位展现出来，比如性快感、排尿的快感、大快朵颐的快感等，完全视兴奋的部位属哪种功能而定。对小孩来说，唯一可以获得纾解的出路，就是一场高潮迭起的游戏，在游戏里将兴奋导向别的方向，比如"一把可以砍头的斧头"、一件没收物品、一份奖品，抓到或"杀"了某个人、某人赢了，等等。

我们列举出无数性幻想被行动化宣泄出来的例子，但这未必会伴随着身体的兴奋。我们都知道，大部分小女孩和少数小男孩喜欢玩洋娃娃，并且会像母亲呵护婴儿一样地呵护洋娃娃。他们不但会做母亲做的事，以此恭维她，也会做母亲应该要做而没做的事，以此责备她。小孩对母亲的认同可能非常彻底而细节化。跟这些事情一样，所有被行动化宣泄出来的幻想经验都有一个生理面，肚子痛和恶心可能跟"扮妈妈"的游戏有关。男孩、女孩都会为了好玩而挺起肚子模仿孕妇。我们常常看见小孩因为大肚子而被带去看医生，其实他们只是在偷偷模仿孕妇，照理说孕妇应该不会引起小孩的注意才对。事实上，小孩总是在寻找隆起的肚子，不管你如何巧妙封锁一切跟性有关的信息，他们都不可能错过怀孕的蛛丝马迹。不过，因为父母的过度拘谨或是自己的罪恶感，小孩可能会把这个尚未清楚理解的信息埋在心底。

世界各地的孩子都有个游戏，叫作"爸爸和妈妈"，无数的想象材料丰富了这个游戏。从每群孩子所发展出来的模式，我们可以看出许多端倪，尤其是可以了解这群孩子的主导性格。

孩子之间的确经常将成人之间的性关系形态外化出来，不过这通常是秘密进行的，蓄意观察的人记录不到这些。孩子玩这类游戏时，自然容易感到罪恶感，也一定会受到社会禁止这类游戏的影响。我们不能说，这些性事件是有害的，但是假如它们伴随着严重的罪恶感，让小孩变得压抑，并且无法在意识层次上理解这件事的话，那么伤害就已经造成了。但是，只要恢复对这次事件的记忆，就可以解除伤害；有时候我们可以说，这种难忘的事件，是小孩从青涩迈向成熟的漫长艰苦旅途中不可或缺的踏脚石。

另外，还有许多游戏跟性幻想没有那么直接的关系。我并不是说，儿童心中想的只有性，不过，性压抑的小孩就像性压抑的成人一样，是个比较差劲又乏味的伴侣。

小孩特有的性兴奋方式

童年的性主题并不只局限于性器官的兴奋，以及跟这种兴奋有关的幻想。研究童年的性欲可以发现，某种独特的兴奋感会从身体的各种兴奋感中发展出来，转变成容易辨识为性欲的（更成熟的）情感和想法。成熟的一切是从原始的一切发展而来的，比如性欲是从"食人欲"的本能衍生而来。

我们可以说，不论男性或女性，从出生以来就有性兴奋的能力。可是身体局部兴奋的主要能力，在小孩的人格完全整合前意义有限。所以，也可以这么说，作为一个完整的人，小孩用这种独特的方式达到兴奋。随着小婴儿的发育，性的兴奋才渐渐变得比其他类型的（排尿的、肛门的、皮肤的、口腔的）兴奋更重要，在三岁到五岁（以及青春期）时，他也会变得有能力在健康的发育中，在适当的环境下支配其他功能。

换句话说，在成年人的行为中，有无数的性伴随物源自幼年，假如成年人无法自然且不知不觉地运用婴儿期或"前性器期"性游戏的种种技巧，这将会导致其反常与贫乏的成年生活。话虽如此，若是迫不得已在性经验中使用一种"前性器期"的技巧来取代"性器期"的技巧，则会形成倒错（perversion），这个问题的来源是幼年的情感发展遭遇了停顿。在分析倒错案例时，我们总是发现，病人对发展为成熟的性以及用更原始的方式获得满足的特殊能力都心存恐惧。有时候，真实的经验会诱发小孩回到婴儿类型的经验（像小婴儿在使用栓剂时变得兴奋，或者回应被护士紧紧包裹起来的兴奋，等等）。

从不成熟的小婴儿长为成熟的小孩，故事说来既漫长又复杂，但要了解成年人的心理，这曲折的故事和丰富的含义，却又值得深思。婴儿和小孩如果想要自然地发育，就需要有一个相当稳定的环境。

女性性欲的根源

小女孩的性欲源头可以直接回溯到早年母女关系的贪婪感情。起初，她会因为饥饿对母亲的身体做出攻击，但是慢慢地发展到最后，她会希望自己能够像母亲一样成熟。她从母亲那儿把父亲"抢走"以及父亲确实特别疼爱她，这两点决定了小女孩对父亲的爱；假如父亲在小女孩褪褓时不在她身边，她就无法真的认识他，她选择他作为爱的对象，可能只是因为他是母亲的男人这个事实。正因如此，对女孩来说，偷窃、性欲以及生小孩的愿望之间就有了紧密的关联。

所以，当一个女人怀孕生小孩时，她必须能够处理这种情感，因为在内心深处，她会觉得这个小孩是从母亲体内偷来的。假如她无法感觉并知晓这一点，她就会失去怀孕所带来的某种满足，也会失去献给母亲一个外孙的大部分喜悦。这个偷窃的念头在受孕后可能也会引起罪恶感，因而造成流产。

我们尤其应该知道，在产后的实际看护上，这种罪恶感很可能会浮现，在那个时候，产妇对于到底是由哪一类型的女人来照顾她和小孩，是非常敏感的。她需要帮忙，可是由于一些来自幼年的念头，在那个时候，她只能信赖一个非常友善或非常有敌意的如母亲一般的照顾者。生第一胎的母亲，即使心理健全，也可能觉得护士好像在迫害她。这个状况的缘由以及形成其他母性特有现象的理由，必须要到小女孩跟母亲早年关系的根源里去寻找，包括她想把女人味从母亲的身体撕下来，据为己有的原始愿望。

心身症与儿童性欲的关联

另一个值得仔细陈述的原则是，在精神医学里，每种变态都是情感发展受阻的结果。在治疗上，疗愈的发生在于能促使病人在情感发展受阻的地方突围前进。而要到达这一受阻点，病人必须回到幼年或婴儿期，这个事实对小儿科医生来说应该极为重要。

对执业的小儿科医生来说，儿童性欲的以下状况有直接的重要性，即从性兴奋转化的症状和生理变化，如同生理疾病所带来的症状和变化一般。这些症状被称为心身症，在医疗中十分常见。一般的执业医生就是从这些症状当中，筛检出需要专业医生治疗的那些偶尔在教科书中出现的疾病。

这些心身症并没有季节性或流行性，不过，在任何一个小孩身上，它们会表现出一定的周期性，尽管并不规律。这个周期性的发作只表示潜藏的本能压力会重复出现而已。

每隔一阵子，小孩就会变成一个兴奋的生命，一部分原因来自内在，另一部分则是受到环境因素的刺激。"打扮好了却无处可去"这个说法简直就是专门用来描述这个状态的。研究这个兴奋究竟发生了什么事，几乎等于是研究童年以及儿童的如下问题——如何保有渴求及兴奋的能力，又不必因为缺乏满意的高潮而经历太多痛苦挫折。小孩克服这个难题的主要方法有：

一、丧失渴求的能力。可是这样一来，身体也会失去感觉，还有许多别的不利之处。

二、利用某种可靠的手段达到高潮，比如吃东西、喝东西，或者自慰、兴奋地排尿排便、乱发脾

181

气、争吵。

三、用一种可以达到伪高潮的方式造成身体功能的倒错——呕吐、拉肚子、暴躁、过度夸大鼻黏膜炎，或是抱怨本来不会受到注意的酸疼和疼痛。

四、混合使用上述方法，表现为小孩某段时间会感到不适，比如头疼和失去胃口，某段时间感到暴躁，或者有某些组织容易感到兴奋（用当今的说法就是"过敏"）。

五、将兴奋组织成慢性"神经质"（nerviness），这种情形可能持续好长一段时间（"普遍的焦虑不安"可能是童年最常见的症状）。

跟情感状态以及情感发展失调有关的身体症状和变化，都在小儿科医生关注的广泛与重大主题范围内。

小孩需要正常的自慰

我们说到童年的性欲时，免不了要提及自慰，这又是一个广泛的研究主题。自慰有可能是正常的或健康的，也有可能是情感发展失调的症状。强迫性的自慰，像不由自主地摩擦大腿内侧、咬指甲、前后摇晃身子、撞头、摇头或打滚、吸吮大拇指等，都是某种焦虑的证明。假如是严重的强迫行为，那就是孩子在对抗比较原始或精神病类型的焦虑，比如害怕人格完整感的裂解，或是害怕丧失身体的感觉，或是害怕跟外面的世界失去接触。

最常见的自慰问题可能是对自慰的压抑，或是自慰根本从小孩的自我防御机制中彻底消失，而这种自我防御机制是小孩专门用来安抚心中无法忍受的焦虑、被剥夺的感受或是失落感的。小婴儿的生活从吮吸自己的小拳头开始，而他的确需要这个能力来安慰自己。有时候，在感到饥饿时，就算他有吸母乳这种更好的选择，他的嘴巴还是需要吮吸自己的手。经过严格调教以后，他竟然还是如此需要它。在整个婴儿期，他需要能够从身体上包括吃拳头、排尿、排便，以及握阴茎得到所有的满足。小女婴也有类似的对应满足。

普通的自慰只是运用自然的资源来满足自己，借以对抗挫折和随之而来的愤怒、恨意与恐惧。强迫性的自慰却暗示，要处理的焦虑已经过量了。这种时候，小婴儿可能需要缩短喂奶的间隔或是需要更多的呵护，也可能需要知道旁边随时都有人在陪着他，或者，也有可能是母亲太焦虑了，应该让小婴儿多在床上安静地躺着，减少跟她的接触。如果自慰成为症状，试着处理隐藏的焦虑是合理的，试图停止自慰却是不合逻辑的。不过，我们必须了解，在极少数的个案当中，不断自慰实在太累人了，不得不用压抑的手段来加以阻止，这纯粹只是为了让小孩从症状中得到解脱。当我们用这种方法帮忙小孩解脱时，新的困难会在孩子的青春期再度出现，可是需要立刻获得解脱的需求是如此急迫，相较之下几年后的麻烦似乎就无关紧要了。

如果一切都很顺利，伴随着性念头的自慰就会在不引起注意的情况下发生，或者只能从小孩的呼吸变化或满头大汗看出端倪。不过，当强迫性的自慰碰上压抑的性感觉，麻烦就来了。在这种情况下，小孩会被他努力想制造却无法轻易获得的满足和高潮搞得精疲力竭。要放弃又会丧失现实感，或失去价值感；要持续下去，又会导致生理上的衰弱以及象征内心冲突的黑眼圈，而这个黑眼圈通常被误以为是自慰引起而恶名昭彰。有时用父亲的威严帮助孩子脱离僵局，反而是一种善意的表现。

小孩在拥有生殖器兴奋经验前的性欲

儿童的精神分析研究（就像大人的一样）显示，男性的生殖器在潜意识中的价值，比直接观察所显示的还要高，虽然，如果获得许可的话，许多孩子也会公开表达他们对阴茎的兴趣。小男孩珍惜自己的生殖器，就像珍惜自己的脚指头和身体的其他部位一样，他们一旦体验过性的兴奋后，就懂得阴茎有独特的重要性。跟爱的情感连在一起的勃起决定了阉割恐惧的出现。小男婴的阴茎兴奋有相对应的幻想，早期的勃起多半都靠这类幻想。

生殖器的兴奋究竟是从什么时候开始的，还没有定论。有人认为，在襁褓初期，生殖器的兴奋几乎完全不存在；也有人认为，勃起可能从一出生便已开始。用人为的方式唤醒阴茎的兴奋当然没有好处。割礼后的包扎似乎有可能经常刺激勃起，结果使勃起跟疼痛产生不必要的关联，这也是不该割除包皮的许多原因之一（除了宗教因素之外）。在身体其他部位建立起各自的重要性之前，生殖器的兴奋最好不要变成显著的特征。对小婴儿的生殖器做人为的刺激（不论是手术后的包扎，或是没有受教育的奶妈想要哄婴儿入睡），当然是个问题，毕竟小孩天生的情感发展过程已经够复杂了。

对小女孩来说，小男孩外显而一目了然的生殖器（包括阴囊），很容易成为她羡慕的对象，尤其是当她与母亲的依恋关系是沿着男性认同的方向发展时。不过，事情并没有这么简单，大部分小女孩对自己比较隐秘但是同等重要的生殖器显然相当满足，未必会羡慕小男孩比较脆弱的男性附属器官。小女孩迟早会懂得乳房的价值。乳房对她来说，几乎跟小男孩的阴茎一样重要。当小女孩知道，她有能力可以怀孕生小孩和哺乳，小男孩却做不到这一点时，她就明白没有什么好嫉妒的。不过，假如当她被焦虑逼得必须从普通的异性恋发展，退回到所谓的固着（fixation）于母亲或母亲角色，而需要表现得像个男人时，她必然会嫉妒男孩。假如大人不许小女孩知道或小女孩不许自己知道，她的身体有个兴奋而重要的生殖器，或者不被容许去提及它的话，那么她嫉妒阴茎的倾向就会增加。

阴蒂兴奋跟排尿的情欲（erotism）有密切的关联，这会带给小女孩较多随着男性认同而来的那种幻想。通过阴蒂的情欲，小女孩知道小男孩的阴茎情欲是什么感觉。同样的，小男孩的皮肤也可以体验会阴的感觉，相当于女孩子的女阴感觉。

这跟两性都有的正常特征"肛门情欲"相当不同，虽然肛门情欲跟口腔、尿道、肌肉和皮肤的情欲，一起提供了早期的性根源。

在社会学、民俗学以及原始民族的神话和传说中，不乏用象征形式崇拜父系或祖先阳具的证据，而且其影响十分深远。在现代家庭里，这些事情虽然被隐藏起来，但还是跟往昔一样重要，其重要性会在小孩的家瓦解时出现，小孩在瞬间失去了自己依赖成习的象征，所以他漂流在海上，失去罗盘，茫然无依，万分苦恼。

性绝非构成一个小孩的唯一要件，就像你最喜欢的花朵不是只有水分一样；不过，植物学家在形容植物时若是忘了提及水分——植物的主要成分——可是会失职的。五十年前，心理学有过一个真正的危险，那就是险些遗漏了小孩生活里的性，一切只因为童年的性欲在当时还是个禁忌。

性本能用一种高度复杂的方式，在童年集合性了的一切要素。性的存在让健康小孩的一生变得丰富而复杂。童年的许多恐惧，都跟性的想法和兴奋，以及随之而来的有意识的和潜意识的精神冲突有关。许多心身症都跟小孩的性生活难题有关，尤其是重复发生的那种。

青春期和成年的性欲基础是在童年打下的，所有的性倒错和麻烦的根源也是如此。

避免成年人的性失调，避免除了纯属遗传因素以外的所有精神疾病和心身症，都在婴幼儿养育工作者的职责范围内。

·第二十四章·

偷窃与撒谎

养育过几个健康小孩的母亲都知道，每隔一阵子，小孩就会出现棘手的问题，尤其是两岁到四岁之间最麻烦。有个小孩好一阵子每到晚上就尖叫，邻居们都以为他遭到虐待了。另外一个则坚决抗拒整洁训练。有一个太干净、太乖巧了，母亲反而担心这个小孩会缺乏自发性和进取心。还有一个小孩动不动就生气抓狂，还会撞头和屏息，搞得母亲束手无策，小孩自己也憋得整张脸都发青，快要抽搐了。这种事在家庭生活中层出不穷，说都说不完。在这些常见的麻烦当中，有个特别棘手，有时甚至还会变成特别困扰的问题，那就是偷窃的习惯。

小孩经常从妈妈手提袋里拿出铜板来，这通常没什么大不了的。把袋子里的东西翻出来，虽然会把东西搞得一团乱，但是妈妈多半会包容小孩的习惯。当她费心去注意这件事时，其实是挺乐的。她可能会准备两个袋子，一个永远不会让小孩拿到，另一个则是平常用的，可以让幼儿探索。小孩逐渐长大后，便会改掉这个习惯，没人会在意。就连母亲也理所当然地认为，这是很正常的，不过是小孩跟她的原初关系中的一部分，也算在小孩跟所有人的人际关系范围内。

不过，有时候，当小孩拿了母亲的东西，又藏起来时，母亲真的会很担心，因为她经历过另一个极端：这是个会偷窃的大孩子。没有什么比一个会偷窃的大孩子（或大人），更容易搅乱一家的和乐。这时，你不但无法信任每个人，也不能随意乱放东西，还得想办法保护贵重物品，像金钱、巧克力、糖果等。在这种情况下，就像是家里有人生病了一般。只要一想起来，就令人浑身不舒服。人们面对偷窃时，就好像听到自慰这个字眼时一样，总有些惶惶不安。除了曾经面对过小偷以外，人们还发现自己一想到偷窃，就会感到心烦意乱，因为孩提时代人人都跟自己的偷窃倾向挣扎过。正是因为对公然偷窃有种不舒服的感觉，所以母亲对小孩拿自己东西的正常倾向，才会产生不必要的忧虑。

仔细一想我们就明白，寻常的家庭里虽然没有所谓小偷这样的病人，但还是有很多偷窃的行为在发生，只不过不会叫作偷窃罢了。小孩到厨房拿一两块小面包，或者去柜子拿一块糖，这些行为在好人家里，没人会说这个小孩是小偷（可是，在养育单位里，做出同样行为的小孩却会受到处罚并留下污名，因为那里的规矩碰巧就是如此）。父母有必要制定家规，以便让家庭良好运行。他们可以规定，小孩可以随时去拿面包或某种蛋糕，但不可以拿特别的蛋糕，也不可以去储藏柜拿糖吃。这类事情总是来来回回反复发生，而家庭生活多半就是在解决亲子之间的这类关系问题。

孩子为什么偷东西？

可是，一个经常偷苹果，而且很快就把它们送出去，并没有留下来自己享用的小孩，其实是不由自主的，是病了。你可以说他是个小偷，但他并不知道自己为什么会做出这样的事，假如硬要逼他说出个理由，他就会变成撒谎的小孩。问题是，这个小男孩到底在做什么（这个小偷当然也有可能是个小女孩，可是每次都使用两个代名词实在太蠢了）？这名小偷寻找的并不是他所拿的东西，他是在找一个人，找他的母亲，只不过他自己不知道罢了。对这名小偷来说，能够给他满足的，不是百货公司的圆珠笔或邻居的脚踏车或园子里的苹果。生这种病的小孩，无法享受与拥有他所偷的东西，他只是在将某种原始的爱的冲动，借助一个幻想的形式，将它行动化宣泄出来而已，他顶多只能享受这个行动化的宣泄，以及他熟稔的技巧。事实上，在某个意义上，他已经跟母亲失去联系了；这个母亲可能还在，也可能不在了。或许，她就在那儿，是个完美的好母亲，有能力给他源源不绝的爱。可是，在小孩眼中，有个东西却不见了。他可能很喜欢母亲，甚至爱上了她；可是从比较原始的意义来看，可能对他来说，

190

她已经不见了。偷窃的小孩是个寻找母亲的小婴儿，他在寻找有权利向她偷东西的人；事实上，他找的是可以向她拿东西的人，就好像婴幼儿时他可以拿母亲的东西一样，而这一切只因为她是他的母亲，他有权利可以对她这么做。

还有个更进一步的观点是，他的母亲真的是属于他的，因为是他创造了她。孩子对母亲的概念，是逐步从他自己爱的能力中慢慢产生的。我们可能认识这么一位太太，她一共有六个小孩，老大是强尼，她哺育呵护他，后来她又生了老二。不过，在强尼的眼中，这个女人是在他出生时所创造出来的。通过母亲主动配合他的需求，他明白了创造什么才是明智的，因为那东西真的会存在。对他来说，母亲给他的一切必须先被想象，必须先是主观的，然后客观才具有意义。最后，当我们追根究底追溯到偷窃的源头，我们总是发现，这个小偷需要重建他跟世界的关系，这一切的基础是重新找到母亲，因为她全心全意奉献给他、了解他，愿意主动配合他的需求；事实上，是她给了他一个幻觉，让他以为世界是他想象出来的，而且还把他所召唤出来的一切幻想，放在这位全心奉献的母亲与他"共享的"外在现实中。

这个观点的实际意义到底是什么？那就是，每个人心中的健康小婴儿，都是慢慢才有能力客观地感知最初从想象中所创造出来的母亲。这个痛苦的过程，就是所谓的幻灭，我们没有必要主动让幼小的孩子感到幻灭；相反，我们可以说，平凡的好妈妈不会让小婴儿彻底地幻灭，她只会允许他幻灭到她觉得他能承受的地步，而且还会乐见这个幻灭过程。

一个去母亲袋子里偷铜板的两岁小孩，是在扮演饥饿的小婴儿，这个小婴儿认为是自己创造了母亲，还认定自己有权利拿她的东西。然而，幻灭往往来得太快，比如弟妹的出生，对小孩来说可能是个可怕的惊吓。虽然这个小孩已经做好准备，要迎接弟妹的来临，甚至对新宝宝也有好感，但还是难免感到紧张。小孩本来以为是自己创造了母亲，可是新宝宝的来临却让他突然感到幻灭，因此展开了一段不由自主的偷窃阶段。我们发现，这个小孩不但不玩百分之百有权利拥有母亲的游戏，反而会不由自主地偷东西，尤其是爱偷甜食，然后再把它们藏起来。可是他并没有因为拥有它们，而得到真正的满足。假如父母了解这种不由自主型的偷窃阶段代表着什么意义，就能比较有技巧一点地处理。他们会容忍它，会努力让这个被抓包的小孩，每天至少有段时间可以得到特别的关注，而且每周给零用钱的时机可能也到了。最重要的是，了解这个情况的父母，不会用排山倒海的压力，强迫小孩认错。他们知道，假如这么做的话，这个小孩肯定会开始撒谎和偷窃，而这绝对是由父母的过错所造成的。

这些都是平凡家庭常见的事，在大部分情况下，整件事也都巧妙解决了，这个暂时处在不由自主偷东西情况下的小孩也复原了。

不过，父母是否足够了解究竟发生了什么事？能否避免不理智的行动？以及他们是否认为小孩必须及时接受"治

192

疗"，以免日后变成惯窃？这中间可能会产生很大的个别差异。就算最后一切都平安无事，如果处理过程不当，小孩还是会承受不少不必要的痛苦。成长中难以避免的痛苦实在足够之多，小孩不会只出现偷窃问题。当小孩遭遇巨大或突然的幻灭时，可能会不由自主地做出某些事情来，比如弄脏东西、拒绝在正确的时候大便或剪掉花园里植物的头部等，但是他不知道自己为何会做出这种举动。

假如父母一定要对这些行为追根究底，要求小孩解释为何要这么做，反而会加重小孩的难题。对孩子来说，这些问题已经够紧张的了，而且他根本不知道原因，当然说不出个所以然。结果，他不但没有因为遭到误解和责骂而感到难以承受的内疚，反而会分裂成两个人：一个非常严格，另一个则被邪恶的冲动所占据。这个小孩将不再感到内疚，相反，他会变成人们口中的小骗子。

不过，我们并不会因为知道这个小偷的潜意识是在寻找妈妈，就谅解单车失窃所带来的惊吓。这是两码事。当然，受害者的报复心态也不能忽视，而且对不良少年感情用事，只会助长人们对罪犯的普遍敌意，结果容易适得其反。少年法庭的法官不能只把小偷当作病人，也不能忽略这个不良行为的反社会本质，以及这个行为在事发地区所引起的不快。没错，当我们要求法庭承认"小偷病了，应该开的处方是治疗而非惩罚"这个事实时，我们的确给社会带来了沉重的压力。

有许多偷窃事件从来不曾闹上法庭，因为平凡的好父母在家里就把事情圆满地处理好了。我们可以说，当小孩偷母亲的东西时，她并不会感到紧张，她做梦也不会把这件事称为偷窃，因为她毫不费力就可以认得出来，小孩的做法是在表达爱。在管教四五岁的小孩，或是管教那些正处在不由自主偷窃阶段的小孩时，父母当然会很辛苦。我们应该尽量体谅这些父母，让他们了解这些过程，帮助他们带领自己的小孩度过社会调适期。正因如此，我才试着将个人的观点写下来，并故意把问题简化，以便让好父母或好老师都可以了解。

·第二十五章·

小孩首次尝试独立

心理学很容易流于肤浅简化，要不就是过于深奥难懂。关于小婴儿最初的活动，以及他们在入睡或不安时所使用的物品，相关研究中有件事情令人感到好奇，那就是这些过渡事物似乎介于肤浅与深刻、明显事实的简单理解与暧昧潜意识的深入探测之间。因此，我想请大家留意小婴儿对普通物品的使用，也希望能让你明白，在平常的观察以及常见的事实当中，有许多事情值得我们学习。

我要谈的是一般小孩都有的泰迪熊这么简单的东西。每个有育儿经验的人，都说得出许多有趣的细节，这些细节就像小孩的其他行为模式一样，是他们的个人特色，没有两个案例是一模一样的。

众所周知，一开始，小婴儿多半会把拳头塞进嘴巴里，不久他们就发展出一个新的模式，可能是选定某一两根手指头，或是大拇指来吸吮，另一只手则同时抚摸母亲，或是摸一小块布、毯子、羊毛、自己的头发。这里有两件事在进行：

195

第一件事是把手放进嘴里，这显然跟兴奋地吃奶有关；另一只手在做的是第二件事，这件事则比兴奋更进一步，是用感情取代了兴奋。从这个充满感情的爱抚活动里，小婴儿可以跟碰巧放在附近的某个东西发展出关系。这个东西对小婴儿来说，可能会变得非常重要。在某种意义上，这是他的第一个所有物，是这个世界上属于他的第一件东西，但又不是他身体的一部分，不像大拇指、两根手指或是嘴巴。因此，这个东西很重要，它证明小婴儿已经开始跟世界产生关系了。

随着小婴儿开始产生安全感，开始跟人建立关系，这些物品也跟着发展起来。它们证明小孩的情感发展得很顺利，各种关系的记忆也开始建立。这些情感与记忆可以在小孩跟这个物品的新关系中再次使用。我喜欢称呼这个东西为"过渡客体"。过渡的当然不是物品本身，只是象征了小婴儿从跟母亲合为一体的状态，过渡到把母亲当作外在分离的个体。

我想强调这些现象代表小婴儿的发展很健康，但是我也不想让你觉得，假如小婴儿没有发展出我所描述的这种兴趣，就一定有问题。在某些情况下，小婴儿记住的和需要的，就只是母亲本人；可是有的小婴儿却觉得，过渡客体就够好了，甚至够完美了，母亲只要留在背景里就行。不过，小孩常常会特别喜欢上某个东西，而且很快就给这个东西起个名字。追查名字的来源十分有意思，那通常是小婴儿还不会讲话时就听过的某个字眼。当然了，父母和亲戚很快就会给小婴儿送软软的玩具，它们都做成了小动物或小宝宝的形状。不过，在小婴儿眼里，形状并不重要，重要的是质感和味道，尤其是味道，所以父母都知道，不能随便清洗这些东西。某些十分注重卫生的父母为了家中安宁，常被迫带着一个脏脏臭臭、软软的物品走来走去。小婴儿再大一点，就会需要这个东西随手可得；他一再把它从婴儿床和婴儿车上丢出去，又要大人一再把它送回来；他会把它一小块一小块地扯下来，又会在它上面流口水。事实上，任何事都可能发生在这个东西上，小婴儿对待它的方式混合了深情款款的宠爱与毁灭攻击的原始爱欲。迟早，小婴儿的玩具会陆续增加，这些玩具会越来越像小动物或洋娃娃。随着时间推移，父母也会试着教小孩子说"谢谢"，表示小婴儿承认这个洋娃娃或泰迪熊，不是他自己想象出来的，而是属于这个世界的。

假如我们回到第一个过渡客体，无论是特殊的羊毛围巾或是母亲的手帕，我们必须承认，从小婴儿的角度来看，要求他说"谢谢"，要他承认这个物品确实来自外界，其实是不恰当的。在小婴儿眼中，第一个物品确确实实是他从想象中创造出来的。这是小婴儿创造世界的开端，我们不得不承认，在每个小婴儿眼中，世界必须重新被创造。而且世界在被创造的同时也被发现，否则世界的呈现对这个生命才刚起步的小婴儿，是没有意义的。

小婴儿在压力时刻（特别是想睡觉时），使用早期过渡物的种类与技巧，不胜枚举。

有个小女婴习惯一面吸拇指，一面抚弄妈妈的长发。等她的头发够长时，她一想睡觉就扯自己而非母亲的头发来盖住脸，并且闻着它入睡。这个习惯始终伴随着她，直到她长大了，像小男孩一样把长发剪短。她对新发型十分满意，可是睡觉时间一到，她就抓狂了。幸好，父母保存了剪下的长发，给了她一把。她立刻像平常一样，把它披在脸上，开开心心地闻着它入睡。

有个小男婴很早就爱上一条彩色羊毛被。他在一岁前就对羊毛线的分类十分感兴趣，按照颜色把线扯出来。他对羊毛的质感和色彩的兴趣持续不减，长大以后，他还成了纺织工厂的色彩专家。

这些例子的价值在于，它们凸显了健康的小婴儿在面对压力与分离时的过渡现象及发展出的技巧的范围之广。几乎每个有育儿经验的人，都有一些实例可以分享，假如我们了解每个细节都很重要也都有意义，研究起来就很迷人。有时候，我们发现的不是物体，而是行为，像哼歌，或更为隐秘的活动，比如，对齐视觉范围内的光线，或研究边界之间的互动，像是随风摇摆的窗帘，或随着小婴儿头部的移动而改变彼此关系的两件重叠的物品。有时候，思考也会取代有形的活动。

内在的母亲陪伴小婴儿度过分离的时刻

为了强调这些事情是正常的，我想把焦点放在分离可能对它们产生的影响上。简单来说，当母亲或小婴儿所依赖的人不在时，并不会立刻产生变化，因为小婴儿的内心有个母亲，而且这个内心版本的母亲可以存活一段时间。假如母亲离开太久，小婴儿内心的版本就会逐渐消失；同时，这些过渡现象也会变得毫无意义，小婴儿再也无法使用它们。我们看过一个需要喂奶的小婴儿，他孤零零地被扔下，但他已经快要进入需要感官满足的兴奋活动了。这时小婴儿失去的是整个原本沉浸在情感里的中间地带。假如间隔不是太长的话，随着母亲的归来，他就会再对她建立一个新的内心版本，而这是需要时间的。如果中间地带的活动又回来了，就显示小婴儿对母亲的信心已经成功重建了。假如小孩被遗弃的时间过长，他会无法玩游戏，也会变得麻木、无法接受感情，这时我们在小婴儿身上见到的问题，就比较严重了。众所周知，这个问题发生时，强迫性的性欲活动可能也会跟着发生。失去母亲后又获得的小孩如果会偷窃，我们可以说，他是在搜寻过渡物，这个物品是因其内在母亲死亡或凋零而失去的。

有个小女婴习惯吸吮包着粗糙羊毛布的大拇指。三岁时，这块毯子被人拿走，"治好"了她吸大拇指的习惯。后来，她入睡前总不由自主地咬指甲，同时还伴随着强迫性的阅读。

十一岁时，有人帮她想起了这块羊毛布、布的花色以及她对它的喜爱，她才停止了咬指甲的习惯。

在健康的发展上，小孩会从过渡现象以及过渡物的使用，进展到有完整的能力可以玩游戏。我们不难看出，游戏对所有的小孩来说都非常重要，玩游戏的能力是情感发展的健康指标。我想请你们注意这个指标的早期版本，那就是小婴儿跟第一件物品的关系。我希望父母了解，这些过渡物是正常的，也是健康成长的指标。如此一来，当他们跟小婴儿一起旅行，不得不带着这个奇怪物品到处走动时，就不会感到丢脸。他们不但不会对这些物品不屑，还会尽量避免遗失它们。这些物品就像老兵一样，只会凋零。换句话说，这些过渡物品形成的一整组现象，影响所及包括小孩子的游戏、文化活动以及其他嗜好的领域，这个广大的领域，刚好是介于外在世界的生活以及做梦之间的中间地带。

将外在现象从梦中拣选出来，显然是沉重的苦差事。这是我们都希望能够完成的任务，如此一来，我们才能够宣称自己心智健全。话虽如此，这个分门别类的苦差事实在太累了，所以我们需要一个调息休憩的地方，而我们在文化兴趣与相关活动里所获得的，就是这个地方。相对我们自己，我们给了小孩更加辽阔的领域，在这里，想象力扮演了主导性的角色。因此，在游戏中运用着外在世界的素材，同时保留了梦想的全部张力，便成了小孩子生活的特色。对于刚刚起步、正在朝成年人的心智健全迈进的小婴儿，我们会允许他们拥有中间生活，特别是在入睡前的半梦半醒时分。而我所指的这些过渡现象，以及小孩所使用的过渡物，都是我们最初给小婴儿的休息之所，那时，我们还不怎么指望他能区分梦与真实。

身为儿童精神分析师，每当我跟小孩接触，看着他们一边画图，一边谈论自己和自己的梦境时，总是惊讶地发现，孩子毫不费力就能记起自己小时候最早的过渡物。他们回想起父母早就遗忘的那些布块和奇怪物品时，常常令父母大吃一惊。假如东西还在，知道放在哪里的也是孩子。或许是在几乎被遗忘的弃置物品堆放处，也许在最底层的抽屉后面，也可能在壁橱最上层的架子上。当这个东西不见时，小孩是很难过的，不论是意外弄丢的，还是因为父母不了解它真正的意义，就擅自做主转送出去的。有些父母则太熟悉这些物品的概念，会在新的小宝宝一出生，就把家里现成的过渡物塞给小宝宝，期望它也能像前一个小孩那样对新宝宝奏效。他们自然是要失望的，因为用这种方式出现的东西，对新宝宝来说可能有意义，也可能没有意义，一切都很难说。我们不难理解，用这种方式呈现这些物品是有危险的，因为，就某个意义而言，它剥夺了新宝宝的创造机会。如果小孩可以利用家里现成的东西，当然很好；我们可以给这个东西起名字，而它通常也会变成家里的一分子。小婴儿会根据自己的兴趣，从这里发展出他最终对洋娃娃、其他玩具和小动物的着迷。

这个主题十分迷人，我要留给父母自己去琢磨。他们不必是心理学家，就能从观察或记录小婴儿在中间领域发展出的特有眷恋和技巧当中得到丰硕的收获。

第二十六章

给平凡的父母一点支持

假如你已经从头读到这里了，你就会发现，我已经努力说了一些正面的话。我没有教你应该如何克服困难，也没有告诉你当小孩焦虑时，或是父母在孩子面前争吵时，到底该怎么办。可是，我已经尝试给平凡的父母一点支持，支持他们用明快的直觉养育出正常、健康的儿童。要说的还有很多，不过我想从这里说起。

有人会问："干吗要大费周章去跟已经做得很好的人说话？那些面临困境的父母岂不是更需要帮忙？"好吧，我得试着不要被这个事实压垮。在英国，在伦敦，甚至在我所工作的这家医院附近，毫无疑问存在着许多烦恼。我太了解到处盛行的这些烦恼、焦虑和沮丧了。可是，我的希望就建立在这些稳定健全的家庭上，我也看到它们在我周围组建起来，我们社会未来几十年的稳定，就全靠这些家庭了。

有人也会说："你干吗要关心那些健全的家庭？为什么他们才是你的希望所在？他们难道不能自己想办法吗？"好吧，

我有个很好的理由，让我非得主动支持他们不可，那就是：有些趋势是要来摧毁这些美好事物的。认定美好事物一直都很安全，不会受到攻击，是不明智的；相反，要让最好的事物存活就必须保卫它，才是真相。总是有人痛恨美好的事物，对它感到害怕。这里指的主要是潜意识方面，这些潜意识容易化身为干扰、无用的规范、法律的限制，以及各种愚蠢的形式出现。

我并不是说，父母们受到官方政策的差遣或限制。英国政府费尽苦心让父母自由选择，究竟要接受还是拒绝政府所提供的一切。当然了，出生和死亡必须要登记，某些传染病也必须向卫生当局报告，小孩从五岁起到十五岁之间必须上学[1]。破坏法律的孩子，要跟父母一起接受某种形式的强制约束。不过，对于政府所提供的数量庞大的服务，父母还是可以选择要善加利用或避开，例如，幼儿园、天花疫苗、白喉免疫、产前与婴儿福利诊所、鱼肝油和果汁、牙齿治疗、十分廉价的婴儿专用牛奶、孩子就学后学校供应的牛奶等，这些福利措施都是唾手可得，但又不硬性强迫。这一切都暗示，当今的英国政府承认一个事实：母亲才知道什么事对孩子最好，只要她得到充足的信息和适当的教育就行。

问题是，就像我在前面说过的，那些真正负责执行公共事务的人，有的并不相信母亲才是最了解孩子的人。医生和

1　目前英国的国民义务教育是从五岁到十六岁。——译注

护士常常对某些父母的无知和愚蠢留下深刻的印象，以致无法接纳母亲的智慧。我们常发现，在特殊训练中，医生和护士都对母亲缺乏信心，医护人员对疾病和健康是有专业知识，但他们未必了解父母的所有苦差事。如果母亲敢质疑他们的专业建议，他们多半会认为她太固执了，其实她是真的知道，要是在断奶的时候，把孩子从她身边带去住院，是会伤害到孩子的；她也知道，儿子应该更懂事一些后，再去医院割包皮比较好；她还知道，女儿由于过度紧张，并不适合打针或接种疫苗（除非真的暴发了传染病）。

假如医生决定要切除小孩的扁桃体，母亲对此事感到担心，她到底该怎么办呢？说到扁桃体，医生当然是专家。但医生没告诉母亲的是，医生也明白在孩子还太小，无法跟他解释原因时，就把好端端的小孩送去动手术，是一件令人担心的事。这时，母亲只能坚持己见，相信这种事最好能免则免，假如她真的信任自己的直觉，又在孩子的人格发展上受过教育，她就可以理直气壮地告诉医生她的想法，并且自己下决定。而一个懂得尊重父母的专业医生，也会赢得他人对他专业知识的敬重。

父母知道小孩需要比较单纯的成长环境，在他们有能力理解更复杂的意义并接受其存在之前，一直需要这个相对单纯的环境。假如儿子必须切除扁桃体，时机又适当的话，做这件事不但不会伤害他的人格发展，甚至还能让他在住院经验中找到兴趣与乐趣，甚至因为通过这一关而向前迈进一步。

可是，这个时间点完全要看这个男孩是哪种小孩而定，不能只根据年纪来判断，也只有像母亲这么亲密的人，才能为他下决定，不过医生应该也可以帮助她想清楚。

政府只教育父母，不硬性强制他们，这样的政策的确是明智的。下一步是要教育那些执行公共事务的人，教他们尊重母亲的感觉，以及她们对孩子的直觉认识。说到小孩，母亲才是专家，假如她没有被政府的权威吓到的话，你就会发现，她在育儿方面真的很有一套，很清楚好坏。

父母是负责任的人，如果我们不支持这个想法，从长远的观点看，终究会伤害到这个社会的根本。

值得注意的是，在小婴儿发育成小孩，再长成青少年的个人经验里，家庭是以"大世界小缩影"的形式如影随形地存在着的，同时还要能有办法因应这个小缩影中的种种问题。虽然只是缩影，但家庭在感情的强度和经验的丰富程度上并没有更小，缩影只是指在无关紧要的复杂程度上略有简化。

如果我的写作能够激励其他人在这方面做得比我更好，去支持平凡人，让平凡的父母理直气壮地相信自己的直觉，我也就心满意足了。让我们尽医护人员的所能，去医治病人的身心；让政府去为那些无依无靠以及需要照顾保护的人尽力。同时，也让我们牢记，幸好我们的社会也有一些比较单纯的平凡男女，他们（在育儿这件事上）懂得诉诸直觉，而我们不必对此感到忧心。只要我们把扶养家庭的重责大任全部交给父母，他们就会展现出最好的一面。

第三部分

外面的世界

幼儿园的功能不是要取代缺席的母亲，而是要补充和延伸母亲在小孩幼年时独自发挥的作用。它给小孩一个与双亲以外的人建立深刻的人际关系的机会。

第二十七章

五岁以下幼儿的需求

　　婴幼儿的需求千古不变，因为这些需求是与生俱来、坚定不移的。

　　我们必须要时时想到，小孩是在不断发育成长的。这个观点向来都很管用，尤其是想到五岁以下的幼儿，更是特别重要，因为每个四岁的小孩，在情感上都有可能带着三岁、两岁或一岁小孩的特点，同时也可能会像个正在断奶的或是刚出生的小婴儿，甚至是子宫里的胎儿。幼儿的情感年龄会前进，也会倒退。

　　从人格和情感成长的角度来看，小孩从出生一直长到五岁，是一段漫长的距离。除非我们供应小孩某些条件，否则他们是无法跨越这段距离的。而这些条件只要足够好就行，不必完美或毫无缺失，因为随着小孩的智力增加，他会渐渐变得有办法容忍失败，会为了面对挫折而预做准备。众所周知，小孩需要的成长条件就是不要停滞、不要公式化、不要固定，必须随着小婴儿或小孩的年龄和发展需求的变化而随时做质与量的调整。

先来瞧瞧健康的四岁小孩吧。他们白天可能已经像个小大人，小男孩开始会认同父亲，小女孩也开始会认同母亲，有时也会出现跨性别的认同。这项认同能力会展现在小孩的实际行动中，而且在特定的时空里，使得小孩做出负责任的表现。它会在游戏中坦率地展现婚姻生活、亲子关系以及教学的任务和喜悦；它也会表现在强烈的爱与嫉妒之中，这点是幼年期的特色；它还会存在白天的幻想里，更重要的是，也存在小孩的睡梦中。

健康的四岁小孩的确拥有一些成熟的要素，尤其当我们将小孩那由本能所衍生的生命张力考虑进来。这生命的张力就是兴奋的经验，它的生理基础有个先后顺序：张力逐步升高，开始感到兴奋，达到高潮，得到某种形式的满足，兴奋得到纾解。

五岁前有个特有的成熟象征——精力充沛的梦。在梦中，小孩处在人际三角关系中的一端。在这个梦里，小孩接受了我们称为"本能"的生理驱力，并且赶上生理的成长。这是一项了不起的成就，所以在梦里、在清醒生活背后的潜在幻想里，小孩的身体功能包含了强烈的人际关系，包含了他所感受到的爱、恨以及固有的冲突。

这表示，除了生理上尚未成熟的限制以外，健康的小孩已经涵纳了性的所有可能。性关系的细节通过象征的形式，出现在梦里与游戏之中，进而成为童年的经验。

发育良好的四岁小孩需要有父母在身旁，成为他们认同的对象。在这个重要的年纪，灌输硬邦邦的道德观念和一些文化典范是没有用的。最有效的还是父母与父母的行为，以及小孩所察觉到的父母之间的夫妻关系。小孩吸收、模仿和反映的都是这些行为与关系，而且在孩子的自我发展过程中，以千百种方式所运用的也是这些。

此外，这个家的基础是父母之间的夫妻关系，运作上则是靠其持续存在和幸存来完成的。小孩能够容忍自己所表现出来的恨意以及灾难梦境中的怨恨，因为不论是好还是坏，这个家依然会继续运作下去。

可是，一个非常成熟的四岁半小孩，有时会因割伤手指或意外跌倒而需要安慰，这时他会突然回到两岁的模样，甚至在入睡前流露出十足的婴儿样。任何年龄的小孩，当他需要怜爱的拥抱时，就表示他需要爱的生理形式，这种生理形式是母亲的子宫怀着胎儿或是臂弯抱着小婴儿时自然展现的母爱。

的确，小婴儿并不是一开始就有办法认同别人。完整的自我需要一个逐步建立的过程。同样的，小婴儿也是逐渐才有能力感觉到外面的世界跟内心的世界是有关联的。可是，这种认同能力跟自我不同，自我是个人而独特的，从来没有两个小孩是一模一样的。

我们首先强调三岁到五岁的孩子应有的成熟度，是因为健康的婴幼儿随时都在增强这种成熟度，而这对一个人的未来发展十分重要。同时，五岁以下小孩的成熟，通常是可以跟程度不一的不成熟并存。这些不成熟是健康状态下所残余的依赖性，是成长的早期特色。对这些不同阶段发展的探讨，远比描绘四岁小孩的综合画像要简单多了。

小孩在不同关系中的需求

即便只是做个简明扼要的声明，我们也必须清楚地区分以下各点：

一、（家庭里的）三角关系。

二、一对一的两人关系（母亲向小宝宝引介这个世界）。

三、母亲抱着仍处在尚未整合状态的小婴儿（在小婴儿感觉到自己是个完整的人之前，母亲始终把他看成一个完整的人）。

四、通过生理照顾来表达母爱（母性技巧）。

一、三角关系

这个小孩已经完整地成为人类的一员，并深陷在三角关系之中。在潜意识的梦里，小孩爱上了父母当中的一位，并痛恨另一位。就某种程度来说，这种恨意是直接表达的，而小孩能够找到早期残存的潜在攻击性来表达恨意，是非常幸运的。这种恨意也是可以接受的，因为它的基础是出自原始的爱。不过，就某种程度来说，小孩也吸收了这种恨意，以认同梦中的对手。在这个阶段，家庭处境会左右小孩与他的梦。至于这种三角关系有个现实形式，而且这个形式会保持完整无缺。我们也会在其他相近的人际关系中发现这种三角关系，其中心主题会逐渐向外扩散，张力也逐渐减弱，到最后小孩就有办法在某些真实情境中处理这种关系。这个时期，游戏尤其重要，因为它既是真实也是梦，如果没有这些游戏经验，就不可能有各种浓烈的情感，如此一来，这些情感将会继续被封锁在遗忘的梦中。但是，游戏总会结束，玩游戏的人也会收拾好玩具，一起喝茶，或准备洗澡，聆听床边故事。而且，小孩在（我们所谈的这个时期）玩游戏时，都会有个大人在旁作陪，他虽然没有直接参与，却总是准备好要接手掌控了。

研究"父亲母亲""医生护士"这两个童年游戏，与模仿母亲做家务事和模仿父亲的特殊职业所玩的特定游戏一样，对研究的新手都十分具有启发性。研究小孩的梦则需要特殊的技巧，这自然会将研究者进一步带入潜意识，而不只是简单地观察小孩的游戏而已。

二、一对一的两人关系

在比较早的阶段，我们得到的不是三角关系，而是小孩

213

跟母亲之间比较直接的关系。母亲用极其微妙的方式,不仅向小宝宝尽可能地呈现这个世界,还为他挡开意外冲击,并在恰当的时机用正确的方式,多少提供小孩需要的东西。我们很容易看出来,比起三角关系模式,在两个身体的关系当中,当尴尬时刻来临时,小孩可以处理情绪的空间比较小;换句话说,在一对一的关系中,小孩的依赖程度比较高。尽管如此,这两个完整的人,不但关系亲密,还相互依赖。假如母亲健康、不焦虑、不忧郁、不混乱、不畏缩的话,小孩的人格随着母子关系日复一日越发充实,他就有比较大的空间可以成长。

三、母亲抱着仍处在尚未整合状态的小婴儿

在更早的时候,依赖的程度当然更大。小婴儿需要母亲每天都幸存下来,以整合小婴儿的各种情感、感觉、兴奋、愤怒、哀伤等,这些是小婴儿的生活内容,可是他却无法记住它们。小婴儿还不是一个完整的人,母亲抱着的是个正在发展中的人。假如有需要,母亲会在心里复盘:这一天对小婴儿具有什么意义。她了解小婴儿,所以她在小婴儿还没有能力感到完整时,就把他看成一个人。

四、通过生理照顾来表达母爱

在更早的时候,母亲抱着小宝宝,这次我指的是生理上的意思。所有最早的生理照顾细节,对小婴儿来说,都是心理的事。母亲主动配合小婴儿的需求，起初这项配合是非常彻底的。母亲会知道什么需求变得急迫了，人们说那是一种母性的"本能"。她也会用唯一不致酿成大乱的方式，向小婴儿呈现这个世界，也就是需求一来就立刻满足它。同时，她也用生理面向的育儿技巧来表达爱，给他生理上的满足，让小婴儿的灵魂开始进驻他的身体。她以育儿技巧表达她对小婴儿的情感，并让这个发展中的小人儿渐渐认得她。

以上对于幼儿需求的陈述是讨论的基础，以探讨从家庭模式的各种变化对小孩产生的影响。就变化的特质而言，幼儿的需求都是不容置疑的。如果无法符合这些需求，小孩的发展就会变得扭曲。有条金科玉律我们可以奉为圭臬：需求的形态越原始，对环境的依赖就越大；若是无法符合这样的需求，失败的灾难就越大。我们对小婴儿在襁褓初期的照顾，已超乎有意识的思考和刻意的用心，这是只有爱才做得到的事。有时候我们会说，小婴儿需要爱，其实意思是说，只有爱小婴儿的人，才能够配合他的需求，也只有爱小婴儿的人，才能够随着他的成长，逐步降低配合的程度，把失败变成可资利用的正面价值。

五岁以下幼儿的根本需求因人而异，但基本原则不变，这项真理无论过去、现在和未来，放诸四海皆准，对任何文化程度的人都适用。

父母及其责任感

当今的年轻父母似乎有一种新的责任感，这是在统计问卷中不会出现的一种重要信息。现代父母懂得等待，他们会计划，会阅读。他们知道自己只照顾得了两三个小孩，所以他们打算用最好的方法，来做有限的育儿工作：亲自带小孩。如果一切顺利，亲子关系就变得非常直率，这种关系的强度和丰富程度将会极为惊人。少了护士和帮手来代劳，亲子关系会浮现特殊难题，而我们的预期也得到了证实。亲子间的三角关系的确变成了现实。

我们看得出来，那些刻意承担父母的重责大任，让小孩走上心理健全康庄大道的人，本身都是个人主义者。正是个人主义让这些父母不断需要更进一步的个人成长。在现代社会里，装模作样的个人主义者是越来越少了。

这些把养育看成是工作的父母，会努力给孩子提供一个丰富的环境。此外，他们还会善用各方资源。可是，这些资源必须不能损及父母的责任感。

弟弟妹妹的诞生对哥哥姐姐来说，可能是个难能可贵的经验，也可能是个大麻烦，父母如果愿意花时间处理，就有办法回避可以免去的错误。不过，我们可别以为这样就可以避免爱、恨与忠诚感的冲突。生活本来就够难的了，对正常而健康的三岁到五岁的小孩来说，更是困难。幸好生活中也是有奖赏的，对这个幼小的孩子来说，只要家庭稳定，让他觉得父母之间其乐融融，生活就是有保障的。

那些有心负起责任的父母，显然为自己揽下了一个重大的任务，而得不到回报是常有的风险。许多意外都可能让父母徒劳无功，幸好现在生理疾病的风险已经比二十年前少多了。不过，我们一定要记住，父母愿意研究子女的需求固然很好，但是，假如父母感情出问题的话，他们是绝对不可能因为小孩需要他们维持一个稳定的家庭就彼此相爱的。

社会及其责任感

社会上的育儿态度，近来有大幅度的改变。现在的看法是，婴儿期和童年是在为婴幼儿的心理健康奠定基础，最终则是达到成熟，从成年人的角度来说，就是既可以认同社会，又不会丧失自尊心。

小儿科在二十世纪上半叶的重大进展，主要是在生理方面。一般都认为，假如我们可以预防或治疗小孩的生理疾病，其余的就可以留给儿童心理学去处理。其实小儿科除了照顾好孩童的生理健康，还应该想办法给予更进一步的照顾。约翰·鲍比[1]医生专门研究幼儿跟母亲分开所产生的不良影响。

1　约翰·鲍比 (1907—1990) ，英国精神分析师，他在 20 世纪 50 年代提出的依附理论 (Attachment Theory) 大大拓宽了儿童发展研究的视野。——译注

这项研究在过去几年来，大大改变了某些做法，所以现在医院才会准许母亲们自由来探视小孩，而且也尽量避免拆散母亲与幼儿。此外，失亲小孩的管理政策也改变了，不但正式废止全天候的托儿所，还增加了领养家庭。小儿科医生和护士虽然配合这些做法，却未必了解幼儿需要跟父母维系长久关系背后的真正原因。不过，假如我们肯承认"只要能避免不必要的分离，就可以减少许多心理问题"这一点，就是跨出很重要的一步了。此外，我们还需要了解的是，如何在正常的家庭环境里，培养小孩的心理健康。

我要再说一次，关于怀孕和分娩的生理面，以及小婴儿生命最初几个月的身体健康，医生和护士知道得很多。不过，他们并不知道刚开始喂奶时母亲和宝宝之间发生的事，因为这是一件相当巧妙细腻的事，不能靠生硬的原则规定来做，只有母亲本人才知道该怎么办。当母亲跟宝宝在刚开始的尝试中彼此探索时，任何专家的干扰只会徒然造成极大的苦恼。

我们必须明白，在这个领域受过训练的工作人员（产科护士、公共卫生护士、托儿所老师等，个个都是某方面的专家），跟父母比起来其人格可能并没有更成熟，父母对特殊事情的判断，很可能比专业人员更周详。只要了解这个观点就好，不必引起麻烦，毕竟我们仍需要专业人员的特殊知识和技巧。

父母向来只要了解原因就好，并不需要建议或详细的指示。我们必须留一些空间给父母去实验和犯错，这样他们才能够学习。

社会个案工作（social case work）近来也扩及心理学领域。尽管通过接受广泛的育儿原则，社会个案工作很快证明了其在预防方面的价值，但它还是对正常或健康的家庭生活带来了一定威胁。我们一定要牢记，这个国家的健康有赖于健康的家庭单位，而家庭单位内的父母必须是情感成熟的人。因此，这些健康的家庭是神圣的领土，除非我们真的了解它们的正面价值，否则是不可以随便闯入的。尽管如此，健康家庭还是需要社会的协助。父母随时都忙着跟彼此联系沟通，但他们的幸福与社会融合还是要靠社会的协助。

现代小孩相对缺少兄弟姐妹

当今的家庭模式有个重大的改变，小孩不只相对缺少兄弟姐妹，连堂表兄弟姐妹也不多。我们不要以为帮小孩找几个玩伴，就可以取代没有堂表兄弟姐妹的缺憾。当小孩的人际关系从与母亲、与父亲母亲向外界的广大社会拓展，逐步取代两人和三人关系时，同辈间的血缘关系是极为重要的。我们应该预料得到，现代小孩通常没有大家庭时代的那些帮手，他们没有可以呼朋引伴的堂表兄弟姐妹，独生子女更是严重缺乏玩伴。话虽如此，但在这个原则下，我们就可以说，现代小家庭能得到的主要帮助，是在人际关系和各种机会的扩充与延伸上。幼儿园、托儿所都可以做很多事，但规模不能太大，还要有适合的教职员。我指的适合除了指教职员人数适中以外，还包括他们需要具备婴幼儿心理学方面的知识。父母可以利用托儿所让自己喘口气，也借此扩展小婴儿跟成年人以及其他小朋友的人际关系，并扩大他们游戏的范围。

许多正常或接近正常的父母，假如日夜都跟小孩腻在一起，就会感到不耐烦；但是假如可以每天独处几小时，其他时候就会好好对待小孩。我请你特别注意这一点是因为，在我的行医经验中，我经常面对母亲需要帮手的问题，而她们为了自己的健康和平静，宁可出去兼差。这个问题还有讨论的余地，不过在健康家庭里（我希望你们可以接受，这并不是罕见的现象），父母可以就上幼儿园或日间托儿所，一起做出灵活的决定。

在英国，幼儿园教育已经有非常高的水平。我们的幼儿园领先全球，有一部分是受到玛格丽特·麦克米兰和我已故的好友苏珊·艾萨克丝的影响。此外，幼儿园教师的教育训练也影响了人们对更高年龄层的教育态度。这些幼儿园对健康家庭助益匪浅，假如不能进一步发展，那就太可惜了。相较之下，日间托儿所并非专门为婴儿而设计，支持它的有关单位在员工或设备上，未必有太大兴趣。托儿所比幼儿园更有可能归在医疗单位管辖下面，而这些医疗单位似乎以为，只有身体的成长和预防生理疾病才是当务之急。尽管如此，如果和幼儿园一样配备适当的员工和设施，托儿所还是可以发挥应有的作用，尤其可以让疲倦而烦忧的母亲得以缓和，从而变成"足够好的妈妈"。

托儿所会继续寻找官方的支持，因为它们对充满苦难与烦恼的社会而言，显然更有价值，所以我们得尽量让托儿所拥有良好的设备和人员，以免它们伤害了健康家庭的正常小孩。幼儿园在其巅峰时期益处多多，现代的好人家可以利用它来为孤独的小孩拓展交友圈；因为好的幼儿园满足了健康家庭的需求，它对社区也就有一种独特而无形的价值，这是统计学算不出来的。假如我们重视当下，我们的社会一定会有前途，而这个前途就来自健康的家庭。

· 第二十八章 ·

母亲、老师和小孩的需求 [1]

幼儿园的功能不是要取代缺席的母亲，而是要补充和延伸母亲在小孩幼年时独自发挥的作用。最正确的看法应该是，把幼儿园视为家庭的"向上"延伸，而不是小学的"向下"延伸。因此，在讨论幼儿园，尤其是教师的角色前，需要先摘要整理一下小婴儿需要母亲为他做什么，以及母亲在幼儿最初几年的心理健康发展上所扮演的角色性质。只有根据母亲的角色和小孩的需求，我们才能真正了解，幼儿园该如何接续母亲的工作。

假如要简短陈述婴儿期和幼儿园阶段小孩的需求，势必容易出现疏漏。虽然在现阶段的知识发展上，我们很难期待有个既详尽又有共识的陈述，不过接下来的粗略要点说明，在特别关心婴儿期心理发展的临床研究专家看来，应该能够

1　本章是摘自联合国教科文组织的一篇报告。作者只是撰写报告的专家小组中的一员，因此本章并不完全是他个人的作品。——原注

广为幼教工作者所接受。

我们先逐一对母亲、幼儿园老师，以及教大孩子的老师角色，做个初步的评论。

母亲对自己的工作并不需要有知性的理解，因为她适合这份工作的根本原因，是她呵护自己宝宝的生物本能。她是因为爱自己的小孩，而不是因为觉得自己足够好，才能够做好扶养小婴儿的初期工作。

年轻的幼儿园老师只是间接认同母亲的角色，在生物本能上并未导向任何小孩。因此她有必要慢慢地了解，小婴儿的成长与适应存在着复杂的心理学现象，并且还需要特殊的环境条件。讨论她所照顾的孩子，可以使她认识正常的情感发展是多么生动有趣。

资深教师必然比较能够从知性角度领会成长和适应问题的性质。幸好，她并不需要知道全部，可是她的性情必须适合接受成长过程的生动多变及其复杂性，并且有心通过客观的观察和有计划的研究，增加对细节的了解。假如她有机会跟儿童心理学家、精神科医生，以及精神分析师讨论理论，或是靠自修吸收相关知识，都会有莫大的助益。

父亲的角色非常重要，起初他在物质和情感上支持妻子，之后才跟小婴儿有直接关系。到了上幼儿园时，他对小孩来说，可能比母亲更重要。话虽如此，我们还是不可能在接下来的陈述中，充分说明父亲的角色。

上幼儿园这几年很重要，因为这个时期的小孩正处在过渡阶段。两岁到五岁之间的小孩，有时会以某种奇特的方式，达到类似青春期的成熟度，而在其他时候和其他状况下，同一个小孩也会（正常地）变得不成熟和像个婴儿似的。只有当母亲的早期照顾很成功，父母又继续提供绝对必要的环境，幼儿园老师才能在进行学龄前的教育之余，也同时尽到呵护小孩的职责。

实际上，每个上幼儿园的小孩，多多少少都还是个需要母亲（和父亲）照顾的小婴儿。而且，之前母亲多少有做得不够的地方，要是那些问题不太严重的话，幼儿园就有机会弥补和改正它们。因此，年轻老师需要学习如何像母亲般呵护小朋友。这一点她只要多跟妈妈们聊聊，用心观察，就有机会学习。

童年与襁褓初期的正常心理

在两岁到五岁或七岁这个阶段，每个正常的小孩都在经历最强烈的冲突，这是强烈的本能倾向（instinctual trends）充实了孩子的情感和人际关系的结果。这个年龄段的本能的性质变得比较不像婴儿早期那样（主要跟食物有关），而更像后来在青春期时出现的，可以作为成年人性生活基础的那种本能。小孩的有意识和潜意识的幻想已经发展到了一个新阶段，可以认同母亲和父亲、妻子和丈夫。这些幻想经验也伴随着身体的兴奋感，就像正常的成年人那样。

同时，像一般人之间的人际关系才刚刚建立起来。还有，这个年纪的小孩正在学习如何理解外在现实，并试着了解母亲有她自己的生活，不能像专属于某人似的被占有。

这些发展的结果是，爱的念头后面紧跟着出现了恨的念头、嫉妒和痛苦的情感冲突，以及个人的苦恼；冲突太大时，就会出现彻底丧失能力、抑制、压抑（repression）[1]等情形，更严重的就会导致症状的形成。小孩的情感表达有一部分本来是很直接的，随着时间的成长，小孩就越来越有可能通过游戏和说话来抒发情感。

在这些方面，幼儿园显然有若干重要的功能，其中一个是每天提供小孩几小时轻松的气氛。这里的人际关系不像家里那么紧张密切，可以在小孩的个人发展中提供一个喘息空间，孩子之间也可以形成和表达比较轻松的三角关系。

学校代表家庭，但是并不能取代家庭，它给小孩一个与双亲以外的人建立深刻的人际关系的机会。它让小孩有机会跟学校教职员和其他小孩做朋友，同时还提供一个宽容又稳定的体制，让小孩可以在这里经历这些体验。

不过，我们一定要记住，虽然幼儿在逐渐成熟的过程中有这些成就，但在其他方面却还不成熟。例如，正确的理解能力尚未得到充分的发展，所以我们预判幼儿对这个世界的

---

1 这里，这个词是用它在心理学专业术语的意思。——原注

认知是主观的而非客观的，尤其是在他们入睡前和刚苏醒的时候。小孩如果受到焦虑的威胁，一下子就会回到婴儿期的依赖情境，结果又会出现婴儿期的大小便失禁、无法容忍挫折。就是因为孩子仍存在这种不成熟，所以学校必须能够接管母亲的职责，像母亲一样一开始就给小婴儿信心。

我们无法假定，幼儿园年纪的小孩是否有能力对一个人又爱又恨。但要摆脱这种冲突的简单办法是，把好与坏分开来。母亲难免会在孩子身上激发出爱与愤怒，可是她继续活着，继续做她自己，让小孩得以将她身上看似好的与不好的结合在一起；由此，小孩开始产生了罪恶感，担心自己会因为她的爱与她的不当而攻击她。

罪恶感和忧虑的发展，在时间上存在这样一个顺序：爱（带有攻击成分）、恨、一段消化期、罪恶感、通过直接表达或建设性的游戏所做的补偿。假如补偿的机会不见了，小孩的反应必然会失去感受罪恶感的能力，到最后则是失去爱的能力。幼儿园借由人员的稳定以及提供有建设性的游戏，来延续母亲的这项任务，好让每个小孩找到办法来处理跟攻击和毁灭冲动有关的罪恶感。

母亲已经进行了一项非常重要的任务，这项任务可以用"断奶"一词来描述。断奶意味着母亲已经给了小孩一些好东西，而她也是等到小孩表现出做好断奶准备的迹象后才进行断奶的，即使这么做会引起宝宝的愤怒。小孩离家去上学，某种程度上，也是断奶经验的重现，所以研究小孩的断奶过程，可以帮助年轻老师了解，小孩刚进学校时可能会出现的难题。如果小孩很容易就被带来上学，老师就可以把这一点看作母亲断奶成就的延伸。

母亲还在不知不觉中，就已经在用某些方式为小孩接下来的心理健康打下基础。例如，要不是她小心翼翼地引介外面的现实，小孩就没有办法跟世界建立一个满意的关系。

幼儿园的教育为梦境与真实做了居间协调的准备。游戏格外受到正面的肯定，故事、绘画和音乐也是常用的做法。在这方面，幼儿园格外能够充实并帮助小孩，在天马行空的想法与合群的行为之间找到一个可行的关系。

通过不断地寻找并在小婴儿身上看到人的本质，母亲一直在促使小婴儿人格的逐渐形成，让他从心里面整合成一个人。这个过程一直到上幼儿园时都还没有完成，所以在幼儿园期间，小孩依然需要个人化的人际关系，老师要记住每个小孩的名字，允许小孩按照自己的性情和喜好来打扮。顺利的话，小孩的个性会随着时间的进展而慢慢稳定下来，并开始想要加入团体活动。

从出生（或出生前）以来，母亲对小婴儿的生理照顾，在小孩看来，就是个心理过程。母亲的扶持、洗澡、喂奶技巧，以及她为小孩所做的每件事，累积起来就成为小孩对母亲的第一印象，然后再逐步加上她的长相、其他生理特质，以及她的情感。

若没有母亲前后一致的育儿技巧，小孩感觉身体是心灵居所的能力，是无法发展的。当幼儿园继续提供一个物理环境，照顾小孩的身体时，它也是在执行关乎心理卫生的主要任务。喂食从来不是只把食物吃进去这么简单，它是学校老师延续母亲任务的另一个方式。学校就像母亲，通过喂小孩吃东西来表示爱；学校也像母亲，能预料到小孩的拒绝（痛恨、怀疑）和接纳（信赖）。在幼儿园里没有任何地方是没有人情味或没有感情的，否则，对小孩而言，那就代表了敌意或（更糟的）漠不关心。

这一节通过陈述母亲的角色和小孩的需求，说明了幼儿园老师需要衔接上母亲的功能，这跟幼儿园老师的主要任务锁定在小学教育的这个事实，在做法上是相符的。我们虽然缺乏心理学老师，可是到处都有信息来源，只要为幼儿园老师指引出方向，她就可以观察父母在家庭环境里如何照顾小婴儿，并加以吸收运用。

幼儿园老师的角色

假定幼儿园在某些方面补足和延伸了良好家庭的功能，那么幼儿园老师自然会在学校接管母亲的某些特质与责任。但她（原著中作者使用"she"）终究不是母亲，不需要发展母子之间的特殊情感联结，她的责任更多的是维持、加强和充实小孩跟家庭的关系，同时也向小孩介绍更多的人与机会。

因此，从小孩一入学开始，老师与母亲之间的真诚友好关系，将会带给母亲信任感，也让小孩感到安心。这种友好关系可以帮助老师发现和了解小孩从家里带来的烦恼，在许多情况下，也给老师一个机会去帮助母亲，让母亲对自己的角色更有信心。

上幼儿园拓展了小孩在家庭以外的社交经验，它为小孩制造了一个心理问题，也给幼教老师一个机会，做出她的第一份心理卫生贡献。

送小孩上幼儿园可能会为母亲带来焦虑，她或许会误以为孩子想在家庭以外寻求发展机会，是因为自己做得不好，但这其实是出于小孩自然发展的需求。

这些因为小孩上幼儿园所产生的问题，说明了一个事实，那就是在幼儿园期间，老师有双重责任和双重机会，她有机会可以帮助母亲发现自己的母性潜能，同时也协助小孩解决发育中不可避免的心理问题。

忠于家庭并尊重家庭，是维系小孩、老师和家庭之间的稳固关系的基础。

老师扮演了古道热肠和充满同情心的朋友角色，她不但是小孩离家时的唯一依靠，也是用坚定一致的行为对待他们的人，她认得小孩的喜悦和悲伤，也容忍他们的反复无常，还能在小孩有特殊需求时帮助他们。她的机会来自她跟小孩、母亲，以及由所有孩子组成的群体所保持的个别关系。跟母亲比起来，她拥有经过专业训练的技术和知识，以及能用客观的态度来对待她所照料的孩子。

除了老师跟每个小孩、小孩的母亲，以及全体小朋友之间的关系以外，幼儿园的整体环境对儿童心理发展也做出了重要的贡献。幼儿园提供了一个比家更适合小孩能力的物理环境，在家里，家具需要配合大人的身高，空间按照现代住宅的格局来压缩，小孩周围的设施也免不了优先考虑家事的运作之所需；但幼儿园却创造了一个情境，让小孩可以通过游戏（有创意的活动）来发展新能力，这是小孩发展不可或缺的条件。

幼儿园也让小孩可以跟同龄的儿童做伴。这是小孩第一次成为同侪团体的一分子，因此他需要在这样的团体中发展出合群的能力。

幼年时，小孩同时进行三项心理发展任务。第一，他们在建立"自我"的概念，以及建立自我跟他们所想象的现实之间的关系。第二，他们正在发展跟另一个人——母亲——建立人际关系的能力。母亲通常会等到小孩在这两方面都发展到一定的程度，才让他上幼儿园。一开始，上学对母子关系来说，确实是个冲击。小孩面对这个冲击的办法是，发展出另一个能力，即跟母亲以外的人建立关系。由于幼儿园老师是小孩除了母亲以外满足这一人际关系的对象，因此她必须意识到，对小孩来说，她并不是一个"普通"人，也绝对不能表现出"普通"的样子。例如，她必须接受一个想法，那就是小孩得要慢慢地才能学会跟别的小朋友分享老师，而在一开始的时候，他可能会对此感到心烦意乱。

当小孩成功地发展出第三种能力，就是发展出能同时跟多人建立关系的能力时，他才有办法跟小朋友一起分享老师。到了上幼儿园的年龄，每个小孩在这三方面能够发展到什么地步，完全由小孩跟母亲先前的关系性质而定。这三种发展过程将会亦步亦趋，如影随形。

小孩发展中的正常问题

随着这个发展过程继续前进，会冒出来一些"正常的"问题，这些问题常常是通过小朋友在幼儿园里的行为表现出来的。这种问题虽然是正常的，常常发生，但孩子仍然需要帮忙，才能解决。如果没有解决，这些问题可能会对小孩的人格产生一辈子的影响。

由于学龄前的幼儿很容易被自己的强烈情感和攻击性伤害，有时老师必须保护孩子，不要让他们伤害自己，还得在紧要关头控制场面，指引孩子。此外，老师还要确保自己能在游戏中提供令人满意的活动，帮助孩子把攻击性导引到有建设性的方向上，并且学到有用的技巧。

在幼儿园阶段，家庭和学校之间有个相互影响的双向过程，其中一个环境出现的压力，会让小孩在另一个环境表现出骚乱的行为。当小孩在家里出现行为异常时，老师通常可以从小孩在学校正在发生的问题，帮助母亲了解小孩到底怎么了。

老师熟悉正常的成长阶段，有丰富的知识，必然会对孩子行为上突如其来的剧烈转变有心理准备，也会容忍孩子因家庭环境的扰动所引起的嫉妒感。整洁习惯的崩溃、喂食和睡眠方面的困难、说话障碍、运动能力缺失，这些问题和其他症状都可能是成长过程中常见的，也可能是偏离常轨的夸张表现。

小孩刚入学时，要从极度依赖人发展到独立，在这段过渡期，他会产生不知所措的情绪波动，老师要面对这个问题。更有甚者，那些接近幼儿园毕业年龄的小孩，在对错之间、幻想与事实之间、私人财产与他人财产之间，也还会混淆不清。对此老师也不能回避。

老师需要有足够的知识，才能做适当的处置，要么在幼儿园内解决，要么转介给专家来解决。

小孩的情感、社交、智力以及身体潜能能否充分发展，全部仰赖幼儿园的消遣和活动是否安排得有条有理。老师在这些活动上扮演了一个不可或缺的角色，通常她对孩子的象征性语言与表达非常敏感，也有丰富的知识，能理解孩子在团体中的特殊需求。此外，幼儿园所提供的必要设备，必须是来源丰富且充满巧思的，同时还要充分了解各种游戏的价值，例如，戏剧性的、有创意的、无拘无束的、有组织的、建设性的，等等。

学龄前的那几年，游戏是小孩解决发展上情感问题的主要办法。游戏也是小孩的表达方法之一，是倾诉和询问的方法。大人往往没有察觉到这些必然存在的恼人问题，老师如果想帮小孩解决这些烦恼，就得认识游戏对学龄前孩子所具有的重要意义。她必须接受训练，才能帮助自己发展并运用对此事的领悟。

幼儿园的教育需要老师随时能约束并控制小孩常见的冲动和本能欲望（尽管在孩童之间这些冲动和本能欲望很平常，但在他们生活的社区是无法接受的），同时又要给幼儿一些方法和机会去发展创造力和智力，给他们一些方法去表达幻想和戏剧化的生活。

最后，幼教老师必不可少的条件还有，她跟其他教职员的和睦相处，以及她身上所保有的女性特质。

第二十九章

影响与被影响的关系

科学探究人类事务的一大绊脚石，无疑就是人很难承认潜意识的存在及其重要性。人类当然早就知道潜意识，比如，他们知道念头的来去、重拾遗忘的记忆或召唤灵感（无论善意或恶意），而且知道这一切的个中滋味。可是直觉地认识事实与理性地理解潜意识及其地位，这中间的差别有如天壤。要发现潜意识需要极大的勇气，而这项发现永远要归功于弗洛伊德。

勇气是必要的，因为，一旦接受潜意识，就早晚会走上一条十分痛苦的道路：我们不得不承认，不论多么希望把邪恶、兽性和不好的影响看作身外之物，是外界强加在我们身上的东西，到最后，终究还是会发现，不论人们做了什么事，或是什么影响刺激了他们，这些都还是人性本身，也就是我们自己。这个世上当然有所谓的有害环境，可是（倘若我们有了好的开始），我们在适应这种环境时所遭遇的难题，主要还是来自内心的根本冲突。这一点人类早就在灵光一闪中知道了。可以说，自从出现第一个自杀者以来，人类就知道这件事了。

人类也不容易接受自己天性中良善的因素，往往把荣耀归诸上帝。

因此，一碰到人性，我们的思考能力就很容易被恐惧阻碍，因为我们会对所找到的一切意义感到害怕。

在承认人性中既有潜意识也有意识这个背景下，我们可以研究人际关系的细节，并从中获益良多。这个庞大主题有个层面，可以用下面几个字来显示：影响与被影响。

研究"影响力"在人际关系中的作用，对老师而言向来都很重要，对研究社会生活及现代政治的学生来说，也令他们格外感兴趣，这项研究带领我们思考了或多或少是属于潜意识的感受。

有种人际关系只要了解了，就有助于说明影响力的某些问题。这种人际关系的根源，就在个人生命初期的哺乳时刻。小孩在吃奶的时候，心理同时也在接受、吸收、消化、记忆和舍弃环境中的人、事、物；尽管长大后，小孩能够发展出其他关系，但这种早期关系仍或多或少会存留一辈子。我们在日常用语中可以找到许多字眼或词句，既能描述我们跟食物的关系，也能描述跟人与非食物的关系。把这一点放在心上，再来看看我们所研究的问题，或许就能有更进一步、更清楚一点的洞见。

有的宝宝显然怎么吃都不满足，有的母亲则是急切地希望宝宝接受她所提供的食物，但却充满挫折。同样，我们也可以说，有些人感到不满足，有些人却总感到受挫。

比如，有个人感到空虚，而且害怕空虚，他怕这种空虚感会让自己的胃口好得想吃人。这个人的空虚不无来由，也许是好朋友过世了，或是他失去了某样珍贵的宝贝，或者是有个主观因素让他感到忧郁。这样的人需要找个新的对象来填补空虚，用新人来取代失去的旧人，用一套新观念或是新哲学来取代他所失去的理想。我们看得出来，这样的人特别容易受影响。除非他可以承受这种忧郁、悲伤或绝望，等待自己自然复原，否则就必须寻找新的影响力，或是屈服于碰巧出现的强大影响力。

我们也可以想象一个特别需要付出的人，他需要去满足别人、去抓住人心、去向自己证明他付出的东西是绝对美好的。当然，我们会在潜意识里对此感到怀疑。这样的人通常需要靠着教书、搞组织、做宣传活动，影响他人采取行动，来达到自己的目的。这种人如果当妈妈，就容易喂食过度，或是爱对小孩发号施令。这种焦急热切的喂食冲动，与我所描述的焦虑的饥饿感之间有个关系，即害怕他人会饿得发慌。

好为人师的正常驱力无疑就在这几条轨道上。在某种程度上，为了心理健康，人人都需要工作，老师跟医生护士都一样。我们的驱力是否正常，主要看焦虑的程度而定。可是，整体上来说，我想学生宁可老师没有这种急切想要教书的需求，因为这种需求只是为了把老师个人的难题推得更远一点。

现在，我们很容易就可以想象，当这两个极端的人——挫折的付出者与挫折的接受者——碰到一起，会发生什么事。一个心灵空虚的人急着寻求新的影响力，另一个人急于想要抓住人心，发挥影响力。在这个极端的例子里，我们可以说，有个人将另一个人整个"吞"了下去，结果像是个相当荒唐可笑的扮演。一个人被另一个人并吞的这种情形，可以说明我们经常碰到的"伪装的成熟"，也可以解释为何有的人时时都像在演戏。一个扮演英雄的小孩可能很乖，可是这种乖似乎多少有点不稳定。另外一个小孩很坏，他扮的是既受人景仰又令人害怕的坏蛋，他让人觉得他的坏并不是天生的，反倒像是身不由己，只不过是这个小孩所扮演的角色而已。我们常常发现，生病的小孩其实是在模仿某个刚刚因病过世的人，而死者正是小孩所深爱的人。

我们将会看到，影响者与被影响者之间的密切关系似乎是一种爱的关系，而且很容易就会被人误认为是真爱，尤其是双方当事人。

理想的师生关系

大多数的师生关系就介于这两个极端之间。在这种关系里，老师喜欢教书，教书的成就让他们感到安心，不过他并不需要靠这种成就才能保持健康的心理；学生也能享受老师的教诲，但不会有任何焦虑，像是言谈举止非得跟老师一样不可、必须牢牢记住老师的教学方式或深深相信每一个老师的所有教诲。老师必须能够容忍学生提出质疑或怀疑，就像母亲容忍小孩对食物有个别喜好一样，而学生也必须能够对无法立即或可靠地从老师那里获得令人满意的答案予以包容。

以此类推，在教师行业中某些最热心的成员，在教导学生的实际工作上，可能会因热心过度而产生局限，因为这种热心使他们无法容忍学生仔细探究和检验他们的教学，也无法承受学生拒绝时的最初反应。在教学中，除了病态的藐视以外，这些令人讨厌的事都是无法避免的。

同样的考量也可以拿来研究父母的教养方式。的确，要是父母用影响与被影响的人际关系来取代爱，这样的关系越早进入小孩的生命，留下的影响力就会越严重。

假如一个女人想做母亲，却从来不愿满足小孩在排泄时想要弄脏衣服的欲望，或是她的便利与小孩的自发性起冲突时，她又希望不必克服这些问题，那么我们就可以说她的爱太肤浅了。她可能会对小孩的欲望置之不理，要是她的置之不理成功了，小孩可能会变得迟钝；而且这种成功也很容易变成失败，因为从小孩的潜意识里冒出来的抗议，很可能会出人意料地以大小便失禁的形式出现。教学不也是这样吗？

老师想要教得好，就得容忍自己在付出或喂养中他（她）的自发性所遭遇的挫折感，这种挫折感可能会非常强烈。小孩在学习教养时，自然也会感受到剧烈的挫折，但老师的训诚并不能帮助他变得有规矩，反倒是老师自己容忍教学带来的挫折，可以达到身教作用，因为身教远比言教更有效。

承认"教学终究难以完美，犯错是无可避免的"，并不能消除老师心中的挫折，况且有时任何老师都有可能表现得很恶劣或不公平，甚至真的干出坏事来。但是比上述这些更难以承受的是，老师最用心的教学有时也会遭到拒绝。小孩来上学时，同时也将自己个性和经验中的疑惑和怀疑带到学校里来，这是他们的情感发展受到扭曲的重要部分；小孩也很容易把他们在学校里遭遇的事情加以扭曲，因为他们期待家庭环境在学校里重现，或是希望学校可以跟家里完全相反。

老师必须承受这些失望，同样的，小孩也必须承受老师的情绪、性格与压抑。有时，连老师也免不了会有起床气，心情不好。

我们看得越多越仔细，就越明白，假如老师和学生都活得健康，他们就都牺牲了彼此的自发性和独立性，但这是教育很重要的一环，跟各科目的传授与学习同等重要。总之，就算各科目都教得很好，但是"互相迁就"这个足以为训的实例不见了，或是被一方人格对另一方人格的支配给压倒了，这种教育还是贫瘠的。

我们可以从上面这一切探讨推论出什么呢？

当我们想通了这一切，就会得出一个结论：没有什么比单纯以学术上的成败来评价教育更容易误导我们的了。那种成就只意味着，小孩找到了最简单的方法来对付某位老师、某个科目或整个教育，那也就是奉承，就像张开嘴巴闭上眼睛，或者不加批判与思考就将一切囫囵吞下。这是错的，因为它表示彻底否认掉真正的疑惑与怀疑。在个人的发展上，这种形式是无法令人满意的，但对独裁者而言，却是至高无上的乐趣。

在仔细思考了影响力及其在教育上的适当位置后，我们已经看清楚，教育的滥用在于误用了孩子最神圣的特质——自我怀疑。独裁者太了解这一切了，所以他们才会提供一种不容置疑的生活，借此来行使自己的权力。这是多么乏味和可笑啊！

· 第三十章 ·

教育也需要诊断

　　一个医生的话，可以给老师们什么帮助呢？医生显然无法教老师如何教书，也不能要求老师用治疗病人的态度来对待学生，毕竟学生不是病人，至少，在他们受教时不是。

　　当一个医生来观察教育界时，他很快就会产生一个问题：医生工作的基础全部建立在诊断上；但是，在教学上，有什么是跟诊断相呼应的呢？

　　诊断对医生来说极为重要，以致有医学院曾一度忽略了治疗这个主题，甚至把它贬到角落里去，教人轻易地遗忘了。大约三四十年前，医疗教育还处在这个阶段的巅峰时期，人们热烈谈起医学教育的新阶段，认为治疗类学科将会是教学的重点。现在我们已经有着引人注目的治疗方法：盘尼西林、安全性的手术、白喉免疫等，以此来看，大众会以为医学是进步的，殊不知这些进展威胁到了"正确诊断"这个正统医学的根基。假如有人生病发烧，吃了抗生素就痊愈了，他会以为自己得到了良好的治疗，可是从社会学的角度来看，这却是个悲剧，因为药物对病人发挥功效，医生就不必根据病人对药物的反应去费心诊断了，这其实是盲目的处置。根据科学基础做诊断，是医学传统中最可贵的部分，也是跟民间疗法、整骨疗法以及其他快速疗法之间的最大差别。

问题是，当我们探讨教育问题时，有什么是跟诊断这回事相呼应的呢？我的看法可能未必正确，可是我还是不得不说，在教学和医生诊断之间，真正雷同的东西恐怕很少。我跟教育界打交道时，内心常常对一般儿童普遍没有接受诊断就受教育感到不安。除了明显的特例之外，我想这个笼统的说法确实不假。总之，不妨听听一个医生的意见，看看教育界如果认真执行相当于诊断的措施，到底会有什么收获。

先来看看我们在这方面已经做了什么？每所学校都有个类似"诊断"的做法——假如有个小孩令人讨厌，学校的做法就是将他摆脱，不是退学，就是逼他转学。这对学校或许是好的，对小孩却不好，老师多半都会同意，这样的孩子最好是一开始在校委员会或校长"发现此刻无法再多收一个学生"时就淘汰掉。不过，拒绝一个不好的学生入学，会不会也同时把特别有意思的小孩排除了？这一点连校长都没有把握。假如有个科学方法可以挑选学生，学校肯定会采用的。

目前有科学方法可以测量智力，那就是智商测验。各式各样的测验都很出名，使用的人也越来越多，不过这些测验的用处有时被过度夸大了，但落在智商测验两极的结果，有时倒是颇有参考价值。我们可以从这些精心准备的测验当中，了解一些有帮助的事，比如，一个表现不好的孩子，还是可以达到中等智商，这一点显示，假如不是教学方法错误，就说明是小孩的情感难题阻碍了进步；而当一个孩子的智力远低于一般标准，这几乎就可以断定他的头脑不好，所以无法从专为"金头脑"孩子设计的教育中获益。至于心智不健全的特征，通常在测验之前就相当明显了。一般认为，任何教育体系都应该把进步迟缓的孩子送进特殊教育班，再把智力发育更迟缓的孩子送去职训中心。

类型不同，需求也不同

到目前为止，一切都还好。只要有科学方法，就可以做诊断。不过，老师多半都觉得，一个班级同时容纳聪慧和愚钝的孩子是天经地义的事，只要班级不是太大，老师都会调整自己来配合学生的各种需求，尽量做到个别指导。真正困扰老师的不是孩子的智力程度不一，而是他们的情感需求不同。在教学上，有的孩子需要填鸭式的方法才能茁壮成长，有的孩子则必须低调地照自己的速度、用自己的方法来学习。至于纪律，每个团体都不尽相同，没有任何严格而快速的规矩可以百分之百奏效。爱的教育在这所学校可能管用，但在另一所学校却失效了：自由、慈爱和容忍，就像严格管教一样，也可能产生不良的后果。此外还有这个问题，即各类型孩子的情感需求都各不相同，包括对老师人格的依赖程度，以及孩子对老师发展出来的成熟和原始感情。好老师虽然会设法区分它们，但是为了多数孩子，还是不得不牺牲少数几个孩子的明显需求，因为学校如果要顾及一两个学生的特殊需求，多数学生又会骚动不安。对这些日复一日盘踞在老师心中的大难题，身为一个医生，我的建议是，在诊断方法上多尽点力。或许麻烦就出在没有好好分类，那么，下面的建议可能会有帮助。

在任何一群孩子中，都有家庭美满与不美满的。前者自然会运用家庭来发展自己的情感。在这种情况下，对小孩最重要的是验证性的测试（testing out）和行动上的宣泄（acting out），这两者都会在家里进行，这种小孩的父母有能力也有意愿负起责任。这种小孩上学是为了充实自己的生活，是为了学习功课。即使学习令人厌烦，他们也会每天用功好几个小时，努力通过考试，最后像父母一样找份谋生的差事。他们十分期待团体游戏，因为这是在家里做不到的，不过"游戏"这个字眼的一般含义，还是跟家庭以及家庭生活的周边比较有关。相较之下，其他孩子来上学则是为了别的目的。他们来上学的时候心里想，学校或许可以提供家里做不到的事。他们不是来学校学习的，而是离家来找一个外面的家。这表示他们在寻求一个稳定的情感环境，好在此练习情感能力，他们寻找的是一个可以逐渐融入的团体，一个可以被验证性测试其承受攻击能力和容忍攻击念头的团体。然而，我们居然把这两种学生安排在同一个班级里，这是何等奇怪的事啊！我们应该设立不同类型的学校，不要靠运气，而是靠计划，来配合这些具有极端特征的学生群体。

老师们会发现，自己的性情到底更适合采取哪种形态的管教。第一群小孩大声要求适当的教学，重点在学业的指导，他们是那些住在美满家庭里的小孩（或是有美满家庭可回的住校生），也是老师最满意的教学对象。至于另一群家庭不美满的小孩，需要的是有组织的学校生活，由适当的教职员来为孩子安排正常的饮食，监督孩子的衣着，处理孩子的情绪和他们在顺从与不顺从间会有的极端表现。对他们而言，强调的是管教。对于这种类型的工作，挑选老师的标准应该是注重性格的稳重或是有满意的私人生活，而非算术能力很强。不过，这种做法只有小班级才做得到；假如一个老师同时要照顾太多学生，怎么可能认识每个小孩？怎么可能为了配合变化而每天调整教学内容？怎么有办法区分潜意识造成的躁狂发作（maniacal outburst）和有意识地挑战权威这种事情？在极端的例子里，学校一定要采取必要的措施，也就是提供学生宿舍作为家庭生活之外的另一个选择，这样学校才有机会来做些真正的教学。在小型宿舍里能得到较多的收获，因为人数不多，每个小孩都可以由一小批稳定常驻的舍监，长期用个人方式充分管理。学校舍监必须面对每个小孩从家庭生活里带来的习性与问题，这是费时而又棘手的工作。这点再次证明了管教这些孩子时，一定要避免人数过多。

各校校风不同，男女教师的教法也不尽相同，挑选私立学校时，我们自然会从这些方向去着眼，通过代办处和各校的风评，父母多少会做出正确的选择，小孩往往会发现自己似乎进对了学校。不过，公立托儿所又是另一回事了。政府用相当盲目的方式，规定孩子必须上住家附近的托儿所，但我们实在不明白，各社区怎么可能有足够的学校，可以满足这些极端的需求。政府或许可以理解心智不健全的小孩和聪明小孩之间的差别，可以注意反社会的行为，可是要区分小孩是否有美满家庭这么微妙的事情，却是极为困难的。假如政府尝试去区分家庭的好坏，一定会犯下严重的错误，而这些错误必然会干扰某些特别好的父母，他们不遵循常规且不注重表现。

尽管有这些困难，孩子的家庭是否美满这个事实还是很值得大家留意。极端的例子有时反而可以有效地说明观念。要说某个小孩反社会是因为他的家庭没有发挥应有的功能而需要特别的照顾，是很简单的，而且这一点也可以帮助我们看清楚，"正常小孩"已经可以分为两种：一种来自运作顺畅的家庭，对他们而言，教育只是受人欢迎的锦上添花；另一种则是期望从学校得到家庭所欠缺的必要特质。

这个问题甚至可能因为下面这个事实而变得更加复杂，即有些被分类为缺乏良好家庭的小孩，其实是有个好家庭的，只是因为自身的个人难题，无法对此善加利用。许多儿女成

246

群的家庭，都有一个无法管教的难缠小孩。不过，我只是为了说明上述的论点，才简单地把那些家庭可以妥善处理的小孩，跟那些家里无法应付的小孩一分为二。要进一步发展这个主题时，还必须进一步区分，那些有了一个好的起步之后，又对家庭失望的小孩，以及那些从一开始接触这个世界时，就完全没有得到令他满意而持续的引导和照顾，甚至连襁褓初期都没有得到呵护的小孩。后者的父母本来可以给他们这些必要的呵护，却因为开刀、住院、生病而不得不离开孩子，因此中断了照顾的过程。

我尝试用短短几段文字表达，教学也可以像医界那样，把基础奠定在诊断上。为了能说得更清楚些，我只列举了一种分类，这并不表示没有别的或是更重要的区分孩子的方式。根据年龄和性别的区分，老师们显然早就做过许多讨论。根据精神医学的类型做进一步的分类也很有用。把孤僻内向和全神贯注的孩子，跟性格外向和心有旁骛的孩子，集中在同一个班级来教，这不是很奇怪吗！用同样的教材来教心情沮丧时期和无忧无虑阶段的孩子，也很奇怪呀！用同一种教法来处理真正的兴奋和不稳定且暂时性的为反抑郁而上扬的情绪，天底下怎么会有这等怪事啊！

老师们当然会靠本能来调整自己和教学方法，以便适应千变万化的情况。就某个意义而言，这个分类和诊断的想法甚至已经有点老套过时了，但我还是建议，正式的教学应该以诊断为基础，就像优良的医疗实务一样。光凭特别有才华的老师的直觉判断来调整自己和教学方法，对整个教育界来说，并非上策。这一点在政府的教育推广计划上，尤其重要。因为那些政策推广往往容易干扰个人才华的发展，徒然在数量上增加了大家习以为常的想法与做法而已。

第三十一章

害羞与神经质

专注于病人（这个被带来看病的人）的个别需求，是医生的职责，至少目前是如此。因此，医生可能不太适合来跟老师谈话，因为老师从来没有机会把注意力只放在一个学生身上。他们也想照顾个别学生的福祉，却又因为怕妨碍整体学生的权益而作罢。

不过，这并不表示，老师没有兴趣研究他照顾的每个孩子。因此，医生的话或许可以让老师看得更清楚，比如，小孩害羞或害怕究竟是怎么回事。对此增加了解，老师可以减少焦虑，做出更好的管理，即使没能得到直接的建议。

有件事医生可以做得比老师多。医生会从父母那儿尽可能多地得知小孩的过去和目前生活的样貌，便可以把小孩的症状、性格以及内外在经验的关系联系起来，可是，老师并没有足够的时间和机会来做这件事。不过，老师也不必因此而感到懊恼，因为不是每个诊断机会都派得上用场。老师通常只是了解孩子的父母是哪种人，尤其是那些"不可思议"、过度挑剔或者疏忽大意的父母，便知道孩子在这个家庭的处境了。可是，单单这样还不够。

就算忽略了小孩的内心发展，小孩的状态还是有不少蛛丝马迹可寻，比如他可能经历过某个钟爱的兄弟姐妹、阿姨或祖父母的死亡，甚至失去父亲或母亲。有个小孩本来很正常，可是自从哥哥出车祸丧生那一天起，他就变得孤僻、四肢疼痛、失眠、讨厌上学、不爱搭理人。我很快就发现，根本没人费心去留意这些事实，也没有把其中的因果关联起来。这些事情父母最清楚，可是他们自己也很悲伤，反而没有察觉到，小孩的改变与亲人的过世有关。

老师跟校医不了解前因后果，结果都在管理上犯了一连串的错误，让渴望得到了解的孩子反而更加困惑。

大多数孩子的神经质与害羞的起因，当然就没有这么简单。更常见的情况是，根本找不到明显的外在刺激因素。而老师的责任是，假如这个因素存在的话，绝对不可以错过它。

我始终记得一个非常简单的类似案例，有个天资聪颖的十二岁女孩，在学校里突然变得神经质，夜里也会尿床。似乎没有人想到，她是因为心爱的弟弟死了，正在跟悲伤奋斗。弟弟因为感染发烧去住院，本来只说要去一两个星期，可是他的病情急转直下，先是出现疼痛，后来证实是髋关节得了结核病，一直无法康复出院。当时姐姐跟全家人都很庆幸他住进了一家很好的结核病专门医院。后来，他所承受的疼痛和折磨越来越多，最后当他因综合结核病过世时，她替他感到松了一口气。他们都说，这是个快乐的解脱。

事件进展的方式使她从未感到剧烈的悲伤，然而伤痛依然存在，等着她去面对。我出其不意地问她："你非常喜欢他，对不对？"结果她一时失控，竟泪如雨下。宣泄后的结果是，她在学校的表现恢复正常了，夜间尿床的情形也根治了。

像这样直接治疗的机会并不常见，不过这个个案说明了老师和医生的无助，因为他们并不知道如何得到正确的病历。

有时候，只有在经过许多调查之后，我们才能下诊断。有个十岁的小女孩就读一所格外花费心思照顾个别学生的学校。她的老师告诉我："这个小孩既神经质又害羞，就像别的孩子一样。我自己小时候也很害羞，很了解神经质是怎么回事。在我的班上，我通常可以应付神经质的孩子，所以不出几个礼拜，他们就没那么羞怯了。可是，这个小女孩却教我束手无策，不管我怎么努力，她似乎都没有改变，既没有变好，也没有变糟。"

后来，这个小女孩接受了精神分析的治疗，她表面的羞怯在隐藏的猜疑心被揭开和分析过后才痊愈：这是一种严重的精神疾病，只有通过分析才能够解决。老师说对了，这个害羞女孩跟其他表面上与她类似的孩子是不同的。对这个小女孩来说，所有的善意都是陷阱，所有的礼物都是毒苹果。在这段生病期间，她没法学习，又深感不安，她受到恐惧的逼迫，所以必须尽量表现得跟其他孩子一样，以免暴露自己需要帮助的真相，因为她认为自己根本没有希望获得或接受任何的帮助。小女孩接受治疗一年后，原来的老师就有办法像管教其他孩子一样管教她了，最后小女孩顺利融入学校生活，表现杰出。

伪装成被害的自我保护方式

有些过度神经质的孩子，为了自我保护会在心理上伪装成被害状态，将这些孩子跟其他孩子分开来是有帮助的。这样的孩子通常会被迫害，他们会在不自觉中自找麻烦——我们几乎可以说，有时候他们在潜意识里会把同伴变成欺凌弱小的恶霸。他们虽然会为了对付共同的敌人而结盟，但是并不容易结交朋友。

这些孩子来看我的时候，都有各种疼痛和胃口的问题，有趣的是，他们通常都抱怨老师会打人。

幸好我们知道，他们的抱怨并不属实。他们为什么这么做是个比较复杂的问题，通常它纯属小孩的妄想，有时则是狡猾的谎报，但这些通通是小孩心中苦恼的象征，这些象征正是小孩潜意识里受到更糟的迫害的迹象，由于它深深地被隐藏，因此对小孩来说就更吓人了。学校当然也有坏老师，有的老师会恶意鞭打小孩，可是我们很少遇到这种情况。小孩的抱怨几乎总是被迫害型的心理疾病症状。

许多孩子持续干些小坏事，因而制造出一个不断处罚孩子的真正迫害型老师，借此来解决自己的被害妄想问题。老师会为了这样一个小孩，被迫采取严厉措施，一个班级里只要有一个这样的小孩，全班都会受到严格的管教，这么做其实只对那一个小孩"好"而已。有时候，把这样的小孩交给不知情的同事，就可以合情合理地管教其他心理健康的学生。

记住神经质与害羞也有健康正常的一面，这才是明智之举。在我的门诊里，只要小孩缺乏正常的害羞，我就可以认出某种心理疾病。有个小孩在我为另一个孩子检查时在附近逗留，他并不认识我，却直接走向我，还爬到我的膝盖上来。一般来说，正常的小孩越不敢做的事，这类孩子就会用越大胆的方式来要求；他们甚至公开表示自己偏爱父亲，还大声嚷嚷。

这种正常的神经质，在蹒跚学步的小孩身上看得更明显。一个不怕伦敦街道或暴风雨的小孩是有病的。这种小孩的内心有着可怕的事情，这点跟其他小孩的内心一样，但他无法承受在外界发现它们的危险，他不敢让自己的想象力天马行空，像野马般脱缰而去。父母和老师自己也会逃向现实，以此来抵御无形、怪诞、幻想的事物，但他们有时反而会被骗，以为不怕"狗狗、医生"的小孩，才是聪明、勇敢的。可是说真的，小孩子应该要有能力感到害怕，能借由外界的人、事和情境看见恶，以解脱内心的恶。现实感测试（reality-testing）的动作只能逐步修正内心的恐惧，而且对任何人来说，这个过程永远没有完成的一天。坦白说，一个不会害怕的小孩，若不是鼓起勇气假装的，就是生病了。不过，假如他病了，心中充满恐惧，他仍然可以再度感到安心，关键全看他是否也能在外界发现自己内心的善。

所以，害羞和神经质都是需要诊断的事，并且要根据孩子的年纪来考量。正常的小孩可以教，生病的小孩只会白白浪费老师的精力和时间。在这个原则上，处理每桩个案时，能够针对症状是否正常而得出结论是很重要的。我已经建议过，适度掌握病史是有帮助的，同时，我们还要对小孩的情感发展过程具有足够的了解。

第三十二章

学校的性教育

我们不能把所有的孩子通通归成一类，不能对其一概而论。孩子的需求因家庭影响、因他们是哪类孩子、因个人健康而不同。不过，要是想对性教育做个简短扼要的说明，最好还是说个大概就好，不必拿主要论点去配合个别需求。

孩子同时需要三件事：

一、他们需要周围有信得过的人可以吐露秘密，这些人必须值得信任，能付出友谊。

二、他们需要得到生物学和其他学科的教导——一般认为，生物学（在已知的范围内）可以教导孩子有关生命、成长、繁殖和生物体与环境关系的真相。

三、他们需要持续稳定的情感环境，好让他们用自己的方式去发现性高潮，以及这个高潮如何改变、丰富及开启复杂的人际关系。

性教育的讲座完全是另外一回事，这种讲座一般是讲师来学校演讲，讲完就离开。这类急着想教孩子性教育的人，我们不要太鼓励他才好。学校老师做不到的事，也不该容忍别人来做，何况，关于性，有件事比知识更好，那就是让孩子自己去发掘。

在寄宿学校里，已婚教职员的家庭人口不断增加，为孩子们带来了自然且有益的影响，比好几场演讲更具启发性和教育意义。住家里的孩子，则能接触到亲戚和邻居不断壮大的家庭。

演讲的麻烦是，讲师将某个困难而私密的东西带进学生的生活，但时机纯属巧合，而非根据小孩逐渐增长的需求而定。

另一个缺点是，有关性的谈话很少提供一个真实而完整的画面。例如，讲师难免带有一些偏见，比如女性主义者会说，女性是消极被动的，男性是积极主动的；有的人则会避谈性游戏，只谈成熟的、生殖意义上的性；甚至还有人大谈谬误的论母爱理论，绝口不提育儿的辛苦，只谈感情，等等。

就算是最好的演讲，也会让这个话题变得贫瘠。这个主题若是用实验和经验从内心来接近，就有无限的丰富潜能。不过，只有在成熟的大人创造出来的氛围中，健康的青少年才能发现自己渴望的是身体和心灵的水乳交融。尽管存在上述种种顾虑，但似乎仍有空间留给真正的专家，来发挥他们对性的功能以及如何呈现这类知识的研究专长。通过邀请专家来学校跟教职员谈话，系统地展开对这个主题的讨论，难道不是一个可行之道吗？这样的话，老师可以在更稳固的知识基础上，用自己的方式来帮助学生。

对孩子来说，自慰是极为重要的性的副产品。没有任何关于自慰的谈话可以涵盖这个主题，这个主题太个人、太私密了，只有私下跟好友或知己谈才有价值。告诉整群孩子自慰无害是没有用的，因为自慰对其中一个小孩可能是有害的、有强迫性的，是个大麻烦，事实上还是精神疾病的迹象。但对其他孩子来说，或许是无害的，甚至根本没有任何麻烦，一旦提及此事，暗示它可能有害，又会把事情搞得更复杂。不过，小孩确实很希望可以找个人谈谈这些事，母亲应该做那个可以让小孩毫无顾忌讨论心事的人。假如母亲做不到，一定要有别人代劳才行，甚至可能需要安排一次心理会谈；不过，这个困难无法在性教育课程中解决。此外，性教育也会吓跑诗意的想象，徒留性功能与性器官的说明在陈词滥调中孤立无援。

奔放的意念和想象力会引起身体的反应，这些反应跟意念一样，应该受到同等的尊重与照顾。不过，这段话在艺术课上说，可能比较合情合理。

照顾青少年的人有个显而易见的难题，那就是，假如那些主张性解放的人要让孩子在性方面去探索自己和彼此，但却盲目到无视于某些女孩可能因而怀孕，这种高谈阔论是毫无用处的。这问题当然很真实，而且必须要面对，因为私生子的处境不幸，成长过程也比一般小孩艰苦；除非这个私生子从小被领养，否则他在成长过程中是一定会留下心灵创伤的，而且这个疤痕可能还相当丑陋。每个管教青少年的人，都必须根据自己的信念来解决这个问题，并要考虑以下这个事实：在最好的管教下，仍有风险，也可能发生意外。公立学校根本没有明令禁止性行为，但私生子却少得惊人，如果有人怀孕，通常有一方是有心理疾病的。例如，有个小孩潜意识对性心生恐惧，并从性的游戏中逃开，却反而一脚跳进假的性成熟里去。许多小孩在襁褓时不曾有过满意的母子关系，直到遇到性才首次进入人际关系，因此性关系对他们来说极为重要，但是从外人的角度来看，这个成熟却极不可靠，因为它不是一步步从不成熟中进展来的。假如在团体里有一大部分是这种孩子，那么性的监督必然很严格，因为社会所能承受的私生子数量是有限度的。相反，大多数的青少年是健康的，因此我们必须问：对青少年的管教究竟是要以健康小孩的需求为基础，还是以社会所害怕的少数几个反社会的或病态的成员可能会发生的遭遇为基础？

　　成年人通常不认为，小孩有强烈的社会意识。同样的，成年人也不愿相信小孩从小就有罪恶感，于是定期灌输小孩道德观念，以为这样可以让道德感自然发展，成为孩子稳定合群的力量。

　　青少年通常不想生私生子，也努力避免发生这种事。只要有机会，他们就会在性的游戏和性关系中成长，最后他们自然会领悟，这整件事的结果就是生小孩。他们可能需要好几年的时间才能领悟。不过这项发展自然会到来，然后这些社会的新成员就会想到结婚，想到成立家庭，生养小孩。

青少年必须自己达成这段自然发展，性教育帮不上什么忙。但是，这段自然发展绝对需要一个成熟、放松、不带道德批判的环境。同时，父母和师长，尤其是那些想在青少年成长关键时刻帮上忙的人，必须承受得起青少年可能产生的惊人敌意。

当父母无法供应小孩所需要的性知识，师长和校方通常可以弥补这项不足，但不是靠有系统的性教育，而是要树立典范，靠个人的正直、诚实和无私的奉献，以及当场解惑的意愿。

对于年纪较轻的小孩来说，答案则是生物学，客观地呈现大自然就好，不要任意过滤课本的内容。刚开始，大多数小孩都喜欢饲养宠物，学习相关知识，认识花朵与昆虫的习性。在青春期到来以前，他们可以接受进一步的教导，了解动物的习性、适应力，以及它们改造环境的能力。这里面就包括物种的繁殖，还有交配和怀孕的解剖学与生理学知识。小孩喜欢的生物老师，不会忽略动物父母之间的生动关系，以及演化过程发展出来的家庭生活。我们并不需要刻意将老师所教导的内容运用到人身上来，那样未免太明显了。小孩比较可能会主观地拿人类的感情和幻想来诠释动物的行为，而非盲目地将动物本能套用到人类身上。生物老师就像其他科目的老师，都需要有能力指导学生保持客观和坚持科学方法，甚至预料得到这门学科对某些小孩来说，将会非常困难。

教生物对老师来说，可能是最愉快刺激的工作，主要是因为许多学生很珍惜这门介绍生命的课程。（其他人当然比较多是通过历史、文学经典或宗教经验，才领悟了生命的意义）。不过，把生物学运用到小孩的私生活和情感上来，那又是另外一回事了。老师就是通过对微妙问题的巧妙回答，把一般性的知识与特殊个案串联了起来。毕竟，人类不是野兽，他们是产生了丰富的幻想、精神、灵魂或内心的潜能的动物。有的小孩是通过身体才接触到灵魂，有的则是通过灵魂才接触到身体。而一切教养和教育的格言都应该是：主动适应。

总的来说，关于性，我们应该提供孩子充分而坦白的信息，但与其把这事看成问题，还不如把它当作小孩与他熟识、信任对象的一种人际关系。教育无法取代个人经由探索及领悟所学到的心得。真正的压抑是对任何教育都抗拒的，在一般人平常根本不会主动寻求心理治疗的情况下，这些压抑最好通过朋友的体谅和了解来帮忙解决。

第三十三章

去医院探视小孩 [1]

　　从出生起，每个小孩都有一条生命线，而我们的责任是不要让线断掉。婴幼儿体内有个持续的发展进程，只有获得稳定的照顾，这个进程才能够稳定发展。小婴儿一旦开始跟人建立关系，这些关系就非常强烈，随便介入是有危险的。这一点不必我多说，妈妈自然会把关。而且，在小孩做好准备以前，妈妈是不会让他们离开的，就算小孩不得不离家，妈妈也会迫不及待地跑去探望。

　　目前就有一波病房探视热潮。这个热潮的麻烦在于，人们可能会对真正的困难置之不理，因此迟早会引起反弹。唯一明智的做法是，让人们了解赞成和反对探病的理由。不过，从护理的观点看来，探病还真有些不小的难处。

1　过去十年来，英国医院的运作已有大幅度的改变。许多医院都允许父母自由来探病，必要的时候还可以陪小孩一起住院。一般都认为，这个结果对孩子有好处，对父母也是如此，大多数案例对医院员工也有帮助。不过，本章还是保留一九五一年写作时的原貌，因为这项改变尚未遍及所有医院，况且这项新措施本来就有一些难处，也的确应该受到重视。——原注

其实，护理长为什么要来做这份工作呢？起初，或许是为了自力更生；后来，她（原著中作者使用"she"）竟爱上了这份工作，变得热心，还花了好大一番功夫，学会非常复杂的技巧，最后才能成为一个护理长。身为护理长，她的工作繁重，时间又长，一刻也不得闲，因为好的护理长永远都不够，但这份工作又很难分给别人。护理长要负责照顾二三十个小孩，个个都不是自己的。这些小孩多半都病得很重，需要熟练的护理照顾。她必须对为病童所做的一切负责，甚至要对手下的年轻护士在她不注意时所做的事情负责。她变得异常渴望孩子们好起来，这可能意味着她会严格遵照医生的指示去执行。此外，她还必须分身应付医生和医学院的学生。

没人来探病时，护理长亲自照顾小孩，心中的善意也油然而生。她时常挂念自己负责的病房，所以宁可值班，也不愿下班。有些小孩非常依赖她，她下班前也一定会亲自来跟这些孩子一一道别，而他们也都想知道她何时会回来。这整件事彰显了人性最美好的一面。

那么，要是我们去探病了，又会发生什么事呢？事情立刻就改观了，这是很有可能的。从有人来探病起，小孩的责任就不全然在护理长身上了。这个做法可能行得通，护理长或许也很高兴有人可以分担她的重担；可是，如果她忙得不可开交，病房里又有相当恼人的病童，再加上烦人的妈妈来探病，那还不如让她一个人忙来得简单些。

如果我说一些探病期间发生的事，肯定会令你大吃一惊。父母离开以后，小孩通常都病倒了，原因不必问也清楚。这些小插曲或许没什么大不了，不过这表示小孩吃了不该吃的东西，或是给有特殊饮食限制的小孩吃了糖，结果彻底打乱了未来的治疗依据。

实情是，探病期间护理长不得不撒手不管，我想有时她真的不知道那段时间到底发生了什么事，即便知道她也爱莫能助。而且，除了饮食不当之外，她还要担心小孩会不会遭到感染。

某家医院的一位非常优秀的护理长，曾经告诉过我另外一个难处，自从医院开放天天探病以来，妈妈们老以为自己的小孩整天都在医院里哭泣，这当然不是实情。这些泪水其实是妈妈引起的。每次妈妈来探病，小孩就想起她，就想跟她回家，所以妈妈走的时候，小孩自然会号啕大哭。可是我们认为，对小孩来说，这种伤心的害处比漠不关心小多了。假如妈妈必须离开小孩很长一段时间，久到连小孩都忘了她，过一两天小孩就会复原，不再伤心，还会接纳护士和其他小孩，展开新生活。既然如此，就让小孩暂时忘了妈妈，以后再想起来就好了。

假如妈妈们能够只探病几分钟就出来，并且对此感到心满意足，那倒也好，可是她们当然不肯。谁都料想得到，她们到病房来都是能待多久就待多久。有些妈妈几乎是在跟小孩"亲热"，她们带来各式各样的礼物，尤其是吃的，还要求得到爱的回应；然后，她们又要告别许久才肯离去，到了门口还拼命挥手，光是为了说句再见，就把小孩搞得精疲力竭。临走前，妈妈们还常常跑去找护理长，抱怨小孩穿得不够暖，或晚餐吃不饱之类的话。只有少数几个妈妈会特地感谢护理长的辛劳，感谢她肯做这件吃力不讨好的苦差事。不过，承认别人把小孩照顾得跟自己一样好，的确不容易。

所以，父母走了以后，我们如果问护理长："假如你是医生，你会如何处理探病的事？"她很可能会说："我会禁止探病。"不过，心情好的时候，她还是会同意探病是件好事，也是天经地义的。医生和护士都明白，只要他们受得了，父母也能配合，允许探病是绝对值得的。

我说过，我们发现打乱小孩生活的事都是有害的。母亲们都清楚这一点，不过她们乐见医院开放家长天天探病，因为在孩子不幸需要住院的这段时间里，这项做法让她们得以跟小孩保持联系。

在我看来，当小孩感到不舒服时，问题反而比较简单，这时人人都知道该怎么办。跟年纪很小的幼儿沟通，话语毫无用处，况且在小孩觉得很不舒服时，反倒不需要多说什么。小孩觉得大人一定会做最好的安排，假如需要住院也是可以接受的，当然哭哭啼啼还是免不了的。可是，没有不舒服的时候，硬是强迫小孩去住院，那又是另一回事了。我记得，有个小孩好端端地在街上玩耍，根本没有不舒服，但救护车却突然出现，把她送到医院去，原来是前一天医院（通过喉咙检查）发现，她是白喉的携带者。可以想象的是，这件事对小女孩来说有多可怕，医护人员甚至不准她进屋去跟家人道别。当我们讲不清楚自己的意图时，别人当然就会对我们失去信心；事实上，我提到的这名小女孩，后来也从未曾真正地从这次经历中复原。当时我们若是允许父母去探病，结果或许会比较圆满。在我看来，就算不为别的，只为了及时消除小孩心中的愤怒，也该让父母去探视小孩。

我虽然把住院接受治疗说成不幸，不过我们也有办法扭转情势。小孩的年纪如果够大，有一次机会住院，或是离家去跟阿姨住一阵子，可能会是个难得的经验，这经验让他有机会跳出来，换个角度看自己的家庭。我还记得，有个十二岁的小男孩，在疗养之家住了一个月以后说："我想，我并不是妈妈的真正宝贝。我要什么她都会给我，可是，她并不是真的爱我。"他说得没错。他的母亲是很努力，可是她自己有些大难题，因此妨碍了母子关系。小男孩能够从一段距离之外来了解母亲，是件很健康的事。他回去时已经准备用新的方式来处理家里的情况了。

有些父母解决不了自己的困难，并不是理想的父母。但这又如何影响到探病的事呢？假如父母来探病时，在小孩面前斗嘴，小孩不但当时难过，事后也会担心。这事可能会严重影响小孩的复原。还有一些父母就是无法信守承诺，他们答应要来，或者说好要带某样特别的玩具或书本来，却一再食言。此外，还有的父母虽然会送礼物、做衣服，做种种要紧的事情，却无法在适当时机，给小孩一个拥抱。这种父母可能会发现，爱一个住院的小孩比较简单。他们早早就来，能留多久就留多久，带来的礼物也越来越多。但在他们走后，小孩却几乎无法喘息。有个小女孩曾经苦苦哀求我（当时大概是圣诞节前后）："把病床上那些礼物全部拿走！"因为她被这种间接、与她心情无关的爱的负担，压得喘不过气来。

在我看来，最好还是不要让那些作威作福、不可靠、过度激动的父母来探病，这样小孩才能够松一口气。病房的护理长手中就有些像这样的孩子，有时候她会觉得最好所有的小孩都不要有亲人来探病，这个看法我们并不难了解。她照顾的小孩当中，有的是父母住得太远无法来探病，但最难的还是没有父母的孤儿。对护理长而言，探病时间对这些小孩一点帮助也没有，因为他们对人没什么信心，所以特别依赖护理长和护士。对于没有美满家庭的小孩，住院倒是成了人生中的第一次美好经验。这些小孩有的对人甚至没有足够的信心，所以无法悲伤。他们不得不跟萍水相逢的人交朋友，独处时他们就前后摇晃，或者用头去撞枕头、撞病床的栏杆。父母当然没有必要因为病房里有些无依无靠的小孩，就让自己的小孩受苦，可是，其他小孩若是有父母来探病，只会让护理长更难照顾这些不幸的小孩。

当诸事顺遂时，住院带给孩子的主要影响或许是，事后小孩会发明一场新游戏。以前的游戏是扮"爸爸和妈妈"，然后有了"学校"，现在则是扮"医生和护士"。有时候病人是小宝宝，有时候则是洋娃娃或猫狗。

我想说的重点是，医院允许父母经常到医院去探视病童，这是向前踏出了非常重要的一步，事实上这是早就该做的改革。我乐见这项新作风，它减少了烦恼，在蹒跚学步年纪的幼儿个案里，当小孩必须在医院住上相当长一段时间时，能否被允许探病的利弊差别将一目了然。我把真实的难处指出来，是因为我认为去医院探病十分重要。

现在，当我们走进儿童病房时，常会看到小孩站在病床上，热切地想找人说说话，他们多半会这样说："我妈妈来看我！"这个骄傲的吹嘘是个新现象。还有个三岁小男孩一直哭闹不停，护士努力想办法哄他开心，可是连搂抱都没用，他要的不是这个。最后，她们才发现，把一张特定的椅子摆在他的病床旁，他才肯安静下来，过了好一会儿，他才有办法解释："那是爸爸明天来看我的时候要坐的。"

你瞧，探病这回事绝对不只是在避免伤害而已，这也是可以让父母了解医院难处的好主意，这样医生护士才能继续做他们认为有好处的事，当然他们也知道，探病可能会破坏他们为父母负责而做的这份工作的质量。

第三十四章

青少年犯罪的缘由

　　少年犯罪是个庞大复杂的主题，不过针对不合群的儿童，以及犯罪与无家可归之间的关系，我倒是可以说些简单的事。

　　要知道，仔细探究少年感化院的学生，诊断结果从正常（或健康）到精神分裂都有。不过，所有的不良少年都有一个共通点，那究竟是什么？

　　在一般家庭里，男人女人、丈夫妻子会共同为小孩负起责任。小孩出生后，母亲（会在父亲的支持下）把小孩抚养长大，她会仔细观察小孩的性格，妥善处理他们的个人问题；因为这些问题所造成的影响，将会从社会的最小单位（家庭）开始扩散出来，进而影响到整个社会。

　　正常的小孩是什么样子？他是不是只要吃东西就会长大，还会变得笑容可掬？哦，才不，他才不是这样的。一个正常的小孩，假如对父母有信心，就会出尽各种状况，最后，他会锻炼出分裂、摧毁、恐吓、削弱、滥用、欺瞒以及巧取豪夺的能力。所有可能面对法律制裁（或就青少年而言是进收容所）的坏事，小孩婴幼儿时期在家庭关系中，就全部做过了。假如这个家经得起小孩对它所做的一切破坏，小孩就会安定下来玩游戏；不过正事得先来，这个家得先通过考验，尤其是小孩对父母的关系和家（我说的不只是一间房子而已）的稳定性有些许怀疑时，更是如此。小孩假如想要感到无拘无束，想要玩游戏、画画，做个不必负责任的小孩，他就得先意识到体制的存在才行。

为什么会这样呢？这是因为情感发展的早期充满了潜在的冲突和分裂。小孩跟外在现实的关系，根基尚未稳固，人格也还没完全整合；原始的爱带着摧毁目的而来，但幼儿还没有学会怎样容忍和妥善处理本能。假如他有个稳定的、专属于他的环境，就能学会处理这些事情。假如要他不对自己的想法和想象力感到害怕，在情感发展上有进展，一开始，他绝对需要活在一个恩威并施（因而相当宽容）的环境里。

要是在小孩把"体制"概念纳入自己的天性之前，这个家就毁掉的话，又会发生什么事？一般的想法是，小孩发现自己"无拘无束"后，就会好好享受。但事实并非如此。小孩一旦发现生命中的体制瓦解以后，就不再感到无拘无束了。他会变得焦虑，要是他还存有一丝希望，就会到家庭外面去寻找体制。无法在家里找到安全感的小孩，会到家庭外面去寻找类似四面墙壁的东西；因为他心中还存有一线希望，所以会向祖父母、亲朋好友、学校寻找，寻找一个外在的稳定性，欠缺这个稳定性他可能会发疯。要是在适当的时机提供，这个稳定性就会像身体里的骨头一样，长进小孩的心里，生根并变得茁壮。这样，在生命刚开始的几个月和几年里，他才能够逐渐从依赖和需要被管教进展到独立。通常家里欠缺的，小孩会从亲戚和学校那儿得到。

这个扰乱社会安宁的小孩只是有点偏离轨道，要是他后来能找到稳定性，就能通过情感成长的初期和必要阶段，所以他会向社会寻求原本该由家庭或学校提供的稳定性。

寻找父母的小犯罪者

这么说好了，当一个小孩偷糖吃时，他是在寻找好妈妈，他自己的妈妈，因为他有权利向那个人索取所有的甜美。这种甜美其实是他的，因为他从自己爱的能力，从自己最初的创造力中，创造了她和她的甜美，姑且不论那究竟是什么。我们可以说，他也在寻找父亲来保护母亲躲过他的攻击，而他的攻击其实是在展现原始的爱。当小孩在外面偷窃时，他依然是在寻找母亲，不过这种寻找带有更多的挫折感，同时越来越需要父亲的权威象征，这个权威不但有能力限制他的冲动行为所带来的后果，还会阻止他将兴奋时升起的念头化为行动。在面对青少年犯罪时，我们比较难以置身事外，因为我们遇到的是一个极度需要严父的小孩，而这位父亲得在小孩找到母亲时保护她。小孩记忆中的严父可能也很慈爱，

270

可是他得先够有威严又强势才行。只有当这个威严又强势的父亲角色出现时，小孩才能够恢复原始的爱的冲动、罪恶感以及改过的愿望。除非这个不良少年继续惹是生非，否则他只会越来越怯于寻求爱，以至越来越忧郁，甚至出现自我感丧失（depersonalization）的情况，最终，除了暴力以外，他根本无法感受到任何外在现实。

犯罪意味着他还有一点希望。你会发现，当小孩做出扰乱社会安宁的行为时，并非一定是生病了；反社会行为有时候只是一个求救信号，寻求强壮、慈爱、有自信的人来管教他。不过，在某种程度上，大多数不良少年都病了，用疾病来描述他们也很恰当，因为在许多个案里，安全感并没有及时进入小孩的生命初期，所以无法成为他的信念。在严厉的管教下，一个反社会的小孩似乎毫无问题，可是只要给他自由，他很快就会感受到发疯的威胁，为了重建外来的管教，他只好触犯法律（连本人都搞不懂自己在干吗）。

正常的小孩在最初的阶段有家人协助，可以培养能力控制自己。他会发展出所谓的"内在环境"，与寻找优良环境的倾向。相反，这个反社会、生病的小孩，没有机会可以培养一个良好的"内在环境"，假如他想要感到快乐、有能力游戏或工作，就绝对需要外来的管教。在正常小孩和反社会的生病小孩这两个极端之间，还是有孩子可以对稳定产生信心，只要他们能让爱心人士好好管教几年就行了。在这方面，一个六七岁大的小孩，比十岁或十一岁的孩子，更有机会得到帮助。

战争期间，许多人都曾目睹，无家可归的小孩最终在收容所里，得到了迟来的稳定环境。在那几年，我们把有反社会倾向的孩子当作病人来处理。这些收容所取代了为"社会适应困难"儿童设立的专门学校，为社会做好了预防工作。在这里，比较能把少年犯罪当作一种疾病来治疗，因为大多数孩子都还没有上过少年法庭。这里的确是把犯罪当作个人疾病来治疗的好地方，也是研究和获取经验的好场所。我们都知道，某些少年感化院做得很好，可是那儿的孩子多半都被法院定罪了，因此做起来比较困难。

这些收容所，有时称作社会适应困难儿童的寄宿家庭，对那些把反社会行为看作是求救信号的人来说，提供了尽一己之力的机会，也可以从这些个案身上学习。战时在卫生署管理下的每间宿舍，都有管理委员会。我参加过的委员会，虽是由局外人组成，但却真的对宿舍工作的细节深感兴趣，也确实负起了责任。我们当然也可以把法官选进这样的委员会，好就近接触这些尚未踏上少年法庭的孩子。只是单靠参观少年感化院、收容所，或听人们谈论，都是不够的。关注的唯一方式是负起一点责任，对那些反社会小孩的管理者，提供我们睿智的支援，即使是间接的也无妨。

在所谓的社会适应困难儿童的学校里，我们得以放手朝治疗的目标努力，也做出了不错的成绩。虽然治疗失败的小孩终究会步上法庭，但成功转变为公民的孩子也在所多有。

现在，再回头来看无家可归的小孩。除了被忽视以外（在这种情况下，他们就成为不良少年，步上少年法庭），我们可以用两种方式来帮助他们：一是可以给他们精神治疗；二是给他们一个稳定可靠的环境，提供个别的照顾与关爱，再逐步放宽独立自主的限度。事实上，没有后者的话，前者（个人的精神治疗）也不可能成功。若能提供一个适当的、足以替代家庭的环境，精神治疗也会变得多余；若真能如此，倒是好事，因为精神治疗永远都是供不应求的。还要再过好多年，我们才会有人数充足、训练得宜的精神分析师，来为人们提供充分的个人治疗，而这是许多案例目前迫切需要的。

个人精神治疗的目标是，促成小孩的情感发展。这有好几层意义，包括培养良好的感受能力，认识外在与内在现实的真实意义，以及整合个人的人格。充分的情感发展意味着诸如此类的事。有了上述这些早期的发展，紧接着才会出现最初的担心与罪恶感，以及想要改过的早期冲动。家庭提供了人生的第一个三角关系，以及跟家庭生活有关的所有复杂人际关系。

另外，即使一切都顺利，小孩变得有能力去处理自己跟大人、跟其他孩子的人际关系，他还是会有其他错综复杂的难题需要面对和处理，比如忧郁的母亲、疯狂的父亲、生性残酷的哥哥以及歇斯底里的妹妹。我们越思索这些事情，就越了解孩子的成长为什么绝对需要家庭背景的支撑；如果可能的话，甚至还要有个稳定的物理环境。从这些思考中我们就能明白，对于无家可归的小孩，在他们足够小到多少还能利用环境的时候，就给他们一份安定的生活，让他们感觉到体制的存在，否则以后就不得不送他们进少年感化院，或是最终送他们进四面高墙的牢狱寻找稳定性。

就这样，我又回到"抱持"（holding）和满足依赖的想法上来了。与其日后被迫去抱持生病的小孩或反社会的大人，还不如一开始就把小婴儿"抱持"好。

·第三十五章·

攻击的根源

你已经从本书得到各种稀奇古怪的印象，知道小宝宝和儿童会尖叫咬人，也会踢人，还会拔母亲的头发，甚至有攻击性、毁灭性或种种令人不愉快的冲动。

毁灭性的插曲让育儿问题变得更加复杂，除了需要处理，也需要理解。假如我能对攻击的根源做点理论说明，或许能有助于了解这些天天发生的事件。由于我的读者多半不是心理系的学生，而是实际抚养小孩或小婴儿的人，那我要怎么说，才说得清楚这个庞大而困难的主题呢？

简单来说，攻击有两个意思：它一方面是对挫折的直接或间接反应，另一方面是个人活力的两大来源之一。进一步思考这个简单陈述，将会出现非常复杂的问题，在此我只能说明主要的论点。

相信大家都同意，我们不能只谈小孩生命中出现的攻击性本身。这个议题比攻击性本身更加宽广，因为，我们处理的是正在发育成长的小孩，我们最关心的是成长过程的种种进展与变化。

有时候，攻击性本身会直截了当地出现，又自动消失，或者需要有人来应付它，以免造成伤害。有时，攻击冲动不会公开展现，而是以某种相反的形式出现。我想，提出几种攻击的相反形式，应该是个不错的主意。

不过，我得先提出一个笼统的看法：尽管遗传因素使我们成为现在的样子，各有各的特征，但基本假定是人人的本质都是相似的。我是说，有些人性特征在所有小婴儿、小孩以及各年龄层的人身上都找得到。至于从婴儿期到独立成人的性格发展的全面性陈述，那是不论性别、种族、肤色、信仰或社会背景为何，都应该可以适用的。人的外表看来或许各有不同，可是人世间的事却有个基本的共通点。虽然出生时，这个小婴儿好像有攻击倾向，那个小婴儿却几乎毫无攻击迹象，但是，他们的问题其实都一样，这两个孩子只是用不同的方式，来处理自己的攻击冲动罢了。

假如我们努力寻找攻击性的起源，可能会在小婴儿的肢体运动里找到，这运动甚至在出生前就开始了，不只是胎儿的扭动，还包括四肢的突然活动，这时母亲会说她感觉到胎动了。小婴儿的身体活动了一下，借由这个活动他经历到了什么。观察者或许会称之为一击或一踢，可是这些动作的真正意义不明，因为（尚未出生或刚刚出生的）小婴儿，还没有变成一个有理性思维与行动能力的人。

所以，想要活动或在活动里得到肌肉快感，并且从活动和满足的经验中获得一些什么，是每个小婴儿体内都有的倾向。如果对这个特征追根究底，并从这个角度来描述小婴儿的发展，我们会注意到攻击性可以从简单的动作，进展到表达愤怒的行动，或到表示恨意和控制恨意的状态。这个描述还可以继续下去，意外的一击可能会变成蓄意伤害，随着这个伤害我们发现，小孩会保护某个爱恨交加的对象。更进一步，我们还可以追踪小孩如何把毁灭念头和冲动，组织成某种行为模式；在比较健康的发展模式里，这一切都显示为，有意识的和潜意识的毁灭性念头，以及对这种念头的反应，会出现在小孩的梦与游戏中，也会出现在小孩对周遭环境里适合摧毁的攻击活动中。

攻击是小孩区分我与非我的一种方法

我们看得出来，这些踢踢打打让小婴儿发现自我以外的世界，因而跟外面的对象（或客体）开始产生关系。不久后，踢打活动发展成攻击行为的一击。一开始，这只是个简单的冲动，这个冲动引发了活动，并开启了对世界的探索。在这种情形下，攻击总是在分清楚什么是自己、什么不是。

希望我已经说清楚，虽然人人与众不同，但每个人又都是相似的。现在，我可以来说说攻击的某些相反面了。

举例子来说，胆大的和胆小的小孩之间有个强烈的对比：

一个会公开表达攻击性和敌意，并借此获得纾解；另一个则会在自己以外的地方找到这个攻击性，并对它感到害怕，或预料它会从外界朝自己袭来，而为此忧虑。第一个小孩很幸运，因为他有机会发现，表达敌意是有极限的，敌意是会用光的；相反，第二个小孩从来不曾达到满意的终点，只能一直期待麻烦降临。在某些案例中，麻烦还真的就一直在那儿。

有些小孩的确习惯在他人的攻击性上看到自己压抑的攻击冲动。这可能会导致病态的发展，因为生活中未必有足够的迫害可用，以致小孩不得不靠妄想来捏造。所以，我们会发现这个小孩老是期待被迫害，他可能会在面对假想攻击的自卫中，变得比较有攻击性。这是一种疾病，可是几乎在每个小孩的发展中，都会出现这个模式，它就像是发展的一个阶段。

另一种相反面是，我们可以比对容易展现攻击性的小孩，以及把攻击性压抑在"心里"因而变得紧张、过度压抑和严肃的小孩。后者多少会自然压抑自己的冲动，因此也压抑了创造力，因为创造力跟婴儿期和童年的不负责任以及坦率的生活，有着密切的关系。但是，他虽然失去内心的自由，却有别的收获，因为他已经发展出自制力，还懂得为他人着想，并且会保护这个世界，以免被小孩的无情给伤害了。这是因为每个健康的小孩都会发展出设身处地为人着想的能力，也会认同外面的人与物。

过度自制有一点是很尴尬的：一个连苍蝇都舍不得伤害

的乖小孩，却会定期爆发攻击性的感觉和行为。比如，发脾气或做出富含恶意的行为，这对任何人都没有正面价值，对小孩本人更是毫无益处，他事后甚至记不得究竟发生了什么事。这时，父母只能赶快想办法结束这场尴尬的插曲，希望小孩长大一点以后，可以用比较有意义的方式来表达攻击性。

攻击性行为另一个比较成熟的出口是，小孩会做梦。在梦中，毁灭和杀戮会在幻想中体验，这个梦会跟身体的兴奋程度有关，是真正的体验，不只是脑力练习而已。这个会做梦的小孩已经做好准备，可以玩各式各样的游戏了，他可以自己玩，也可以跟别的小孩一起玩。要是梦中含有太多的毁灭成分，或者对他所敬重的对象造成太严重的威胁，或者引起混乱状态，小孩就会尖叫着醒来。这时，母亲的责任是在场帮助小孩从噩梦中清醒，这样外在现实就可以再次扮演令人安心的角色。这个清醒过程可能会花上半小时。对小孩来说，噩梦本身可能是个令他出奇满意的经验。

我必须在这里清楚地区分做梦和做白日梦。把清醒生活中的幻想串联起来，并不是我所说的做梦。做梦跟做白日梦不同，做梦时人是睡着的，可以醒过来。这个梦有可能忘了，可是已经梦过了，这种状况就是有意义的（有时，做的梦会蔓延到小孩的清醒生活里来，不过，那又是另一回事了）。

我说过，游戏会把幻想和可以梦见的，以及潜意识深层甚至最深层的一切，通通拉进来利用。我们很容易明白的一个要点是，在健康的发展中，小孩会有能力接受象征。一样事物"代表"了另一样，这让小孩能够从严苛真相那粗糙又棘手的冲突中获得解脱。

令孩子尴尬的是，当他温柔地爱着母亲的同时，也会想吃她；或者他对父亲爱恨交加，却无法转嫁到叔叔身上去；或是当他想去除掉刚出生的弟妹，却无法尽情地表达失去玩具的感觉，等等。有些孩子就是这样，这么痛苦着。

不过，小孩通常很早就开始接受象征。这点让小孩的生活体验有个回旋的余地。例如，当小婴儿很早就接受某个特殊物品并抱着它睡觉时，这个物品同时代表了他们自己和母亲，是团圆的象征，就像大拇指之于吸拇指的小孩。这个象征物本身可能会受到攻击，但是也可能比后来的一切所有物更受到珍惜。

游戏是建立在接纳象征的基础上，有着无穷的可能性。游戏让小孩得以体验在自己内在心理现实中所找到的一切，这是认同感逐渐成形的基础。那儿既有攻击性也有爱。

在日渐成熟的小孩身上，毁灭性的另一个非常重要的出口，就是建设。我已经试着说明，在有利的环境下，这个成长中的小孩会浮现一股建设性的欲望，愿意对自己天性中的毁灭性负起责任。建设性的游戏开始出现，而且能够持续下去，对小孩来说，就是健康的最重要表征。这是无法灌输的东西（就像无法灌输信任一样），时间到了它自然就会出现。这是小孩在父母或其他照顾者所提供的环境里，从其整体的生活体验中累积而来的成果。

假如我们不给小孩（或大人）任何机会，不让他们为至亲至近的人效劳，不让他们为满足家人的需求而"做出贡献"，看看会发生什么，攻击性和建设性之间的关系就可以测试出来了。我说的"做出贡献"是指为了乐趣而做，或是表现得像个大人似的，同时又发现，这些都是为了母亲的福祉或家庭的运作而做的。这就好像"找到适合自己的工作"：小孩假装照顾小宝宝，或铺床，或使用吸尘器，或是做糕点，等等。如果在场的旁人能够认真看待这份假装的参与，小孩就会获得满足感。但是，如果受到嘲笑，它就会变成纯粹的模仿，小孩会体验到生理上的无力感或无用感。在这个关头，小孩可能会轻易爆发直率的攻击性或毁灭性。

除了实验以外，这种形式可能会在普通的事件里发生，因为没有人了解，小孩需要"付出"胜过"接受"。

健康小婴儿的活动特性是，有自然的运动以及故意碰撞东西的倾向。小婴儿会逐渐运用这些方式以及尖叫、吐东西和大小便，来表达愤怒、痛恨和报复。小孩同时懂得爱与恨，并且接受了这个矛盾。有个最重要的攻击性和爱结合的例子，是跟咬的强烈欲望有关，这从小婴儿五个月大起就有意义了，而后会跟吃各种食物的乐趣结合。不过，最初令人兴奋地想咬，并且促使咬这个念头出现的，还是"母亲的身体"这个好东西。因此，食物成为象征，代表了母亲的，或父亲的，或任何亲爱的人的身体。

上述这一切是非常复杂的发展，因此小孩需要很多时间，才能掌握攻击的念头与兴奋，才有办法控制它们，不至于在恰当的时机（不论是在爱或恨当中）失去攻击能力。

奥斯卡·王尔德[1]有句名言说："人人都会杀死自己的最爱。"这句话时时提醒我们，一旦有了爱就免不了会有伤害。育儿时，我们看到小孩有个倾向，就是会爱他们所伤害的东西。伤害是小孩的生活里面很重要的一部分，问题是：小孩会如何想办法利用这些攻击力，来进行生活、爱、游戏和（最终的）工作的任务？

小婴儿的摧毁魔法

除此之外，还有一个问题：找出攻击性的根源，到底有什么意义？我们在新生儿的发展中看到最初的自然活动，也看到了尖叫，这些或许很愉快，可是它们并没有累积成清楚的攻击意义，因为小婴儿实际上还没有整合成一个人。不过，我们想知道，小婴儿或许很早就摧毁了这个世界，但这到底是怎么发生的？这一点至关重要，因为摧毁我们所居住和爱的世界的，可能正是婴儿期残余的"尚未融合的"毁灭性。

1　奥斯卡·王尔德 (Oscar Wilde, 1854—1900)，十九世纪爱尔兰才子，是著名的剧作家、诗人兼散文家。最著名的代表剧作是《温德米尔夫人的扇子》，最令人怀念的童话是《快乐王子》。他的作品洞悉人性，留下许多警世名言。温尼科特引的这一句，出自他晚年的诗作《雷丁监狱之歌》(*The Ballad of Reading Gaol*)，这首脍炙人口的长诗在过去一个世纪来曾被五度谱成歌曲。——译注

小婴儿的魔法是一闭眼睛这世界就被消灭了，但只要再睁开眼睛或有新的需求产生，这世界就又会重新被创造出来。但是，毒药与炸弹带来的，却是一个与小婴儿魔法彻底相反的现实。

绝大部分的小婴儿在最初阶段都得到了良好的照顾，在人格上达成了某种程度的整合，因此不可能制造毫无意义的、大规模突发的毁灭性危险。最重要的预防办法就是，认清父母在家庭生活中，协助小婴儿逐步成熟时所扮演的角色；特别是，我们可以学着去评估母亲在一开始所扮演的角色，那时小婴儿跟母亲的关系，刚刚从纯生理关系转变成小婴儿懂得迎合母亲的态度，而这种关系也刚刚开始被情感因素所充实而变得复杂。

可是，问题依然存在，也就是我们是否了解这力量的来源？这是人类与生俱来的，也是毁灭性活动和痛苦的自我控制底下所蕴含的根本力量。在这一切的背后是魔法般的毁灭。在小婴儿发展的最初阶段，对他来说，这是稀松平常、不必大惊小怪的事，跟魔法般的创造力并行不悖。对所有东西进行原始或魔法般的毁灭，都跟一个事实有关，那就是（对小婴儿来说），所有的东西都从"我"的一部分变成"非我"，从主观的现象变成客观的感知。这改变通常都随着小婴儿的发育产生微妙的变化而渐渐发生，可是母亲的照料要是出了问题，改变则会突然发生，而且是以小婴儿无法预料的方式发生。

母亲用体贴的方式，带领小婴儿通过早期发展这个非常重要的阶段，她给小婴儿时间，让他慢慢学会各种办法，来面对他承认魔法控制之外另有一个世界存在时所带来的惊吓。假如我们给成熟过程一点时间的话，小婴儿就有办法变得有毁灭性，也有办法痛恨、踢人及尖叫，而不必动用魔法去消灭这世界。从这个角度来看，真正的攻击性其实是一大成就。如果我们在心中牢记个人情感发展的整个过程，尤其是最初的阶段，那么跟魔法的毁灭比较起来，攻击性的念头和行为反倒有个正面价值，甚至连恨意也成了文明的象征。

　　在本书里，我尝试去说明在这些微妙的阶段里，如果我们有足够好的母亲的照顾，也有足够好的亲子关系，大多数的小婴儿都会很健康，也有能力把魔法控制和毁灭性摆在一旁，享受内心里与种种满足感并存的攻击性，同时并存的还有充满体谅的人际关系和内在私密的丰富宝藏所共同构筑的童年生活。

[全书完]

刚刚好的妈妈

作者 _ [英]唐纳德·温尼科特　　译者 _ 朱恩伶

产品经理 _ 刘洪胜　　装帧设计 _ 孙莹　　产品总监 _ 黄圆苑　　技术编辑 _ 丁占旭
责任印制 _ 刘世乐　　出品人 _ 李静

果麦
www.guomai.cn

以 微 小 的 力 量 推 动 文 明

著作权合同登记号：06-2023 年第 109 号

© 唐纳德·温尼科特 2023

图书在版编目（CIP）数据

刚刚好的妈妈 ／（英）唐纳德·温尼科特著 ；朱恩伶译 ． — 沈阳 ：万卷出版有限责任公司，2023.11
ISBN 978-7-5470-6232-6

Ⅰ．①刚… Ⅱ．①唐… ②朱… Ⅲ．①儿童心理学 Ⅳ．① B844.1

中国国家版本馆 CIP 数据核字（2023）第 158058 号

本书简体中文译稿经由心灵工坊文化事业股份有限公司授权果麦文化传媒股份有限公司在中国大陆地区独家出版发行

出 品 人：王维良
出版发行：北方联合出版传媒（集团）股份有限公司
　　　　　万卷出版有限责任公司
　　　　　（地址：沈阳市和平区十一纬路 29 号　邮编：110003）
印 刷 者：嘉业印刷（天津）有限公司
经 销 者：全国新华书店
幅面尺寸：145mm×210mm
字　　数：200 千字
印　　张：9.25
出版时间：2023 年 11 月第 1 版
印刷时间：2023 年 11 月第 1 次印刷
责任编辑：胡　利
责任校对：张　莹
装帧设计：孙　莹
ISBN 978-7-5470-6232-6
定　　价：45.00 元
联系电话：024-23284090
传　　真：024-23284448